U0155380

CAFÉOLOGIE:HISTOIRES ET SENSATIONS

咖啡简史

一本美妙的咖啡终极指南

[法]格洛丽亚·蒙特内格罗 [危]克里斯蒂娜·希鲁兹 著 谢巧娟 译

古吴轩出版社

图书在版编目（ＣＩＰ）数据

咖啡简史：一本美妙的咖啡终极指南 ／（法）格洛
丽亚·蒙特内格罗，（危）克里斯蒂娜·希鲁兹著 ；谢巧
娟译. -- 苏州：古吴轩出版社，2020.7
ISBN 978-7-5546-1488-4

Ⅰ．①咖… Ⅱ．①格… ②克… ③谢… Ⅲ．①咖啡－
基本知识 Ⅳ．①TS273

中国版本图书馆CIP数据核字(2020)第028311号

©2018 OLO EDITIONS
Concept by Olo Editions

The simplified Chinese translation rights arranged through Rightol Media
（本书中文简体版权经由锐拓传媒取得，Email:copyright@rightol.com）

责任编辑：顾　熙
策　　划：姜舒文
装帧设计：安　宁

书　　名：咖啡简史：一本美妙的咖啡终极指南
著　　者：[法]格洛丽亚·蒙特内格罗，[危]克里斯蒂娜·希鲁兹
译　　者：谢巧娟
出版发行：古吴轩出版社
　　　　　地址：苏州市十梓街458号　　　　邮编：215006
　　　　　电话：0512-65233679　　　　　　传真：0512-65220750
出 版 人：尹剑峰
经　　销：新华书店
印　　刷：朗翔印刷（天津）有限公司
开　　本：965×635　1/12
印　　张：17
版　　次：2020年7月第1版　第1次印刷
书　　号：ISBN 978-7-5546-1488-4
著作权合同
登 记 号：图字10-2018-440
定　　价：128.00元

如发现印装质量问题，影响阅读，请与印刷厂联系调换。022-29937958

一次美妙的咖啡之旅

格洛丽亚·蒙特内格罗

从我把自己的生命献给我疯狂热爱的咖啡开始，到现在已经17年了。而这一切都始于一份渴望——像品尝红酒一样品尝咖啡，像谈论红酒一样谈论咖啡。正是我的这份渴望，激发了我身边人的热情乃至激情。我见证了他们眼中闪耀的星光，听到了他们和我同步的心跳，我甚至在咖啡里听到了诗歌。咖啡已经渗入了我的梦里。

从这个梦和这首诗开始，我编织了一个乌托邦。这个国度，对生产者更公平，对消费者更具诱惑力，让所有在同等机会下能品尝到更纯正咖啡的人更容易感知。这是一个友善、明亮而有尊严的世界，从南到北，全世界的人都能昂首自信地进行眼神交流。

付诸实践后，我们不再只满足于创造一个乌托邦，而是开展了一次咖啡探险之旅：开设了巴黎咖啡会馆。2018年9月15号，就是我们在塞纳河畔扎根，开办咖啡会馆12周年的纪念日了。随着时间的流逝，曾经的"扁舟"如今已经成了"小货船"。伴随着烘焙咖啡豆散发出来的迷人香气，我们离这个日子越来越近。穿过门帘就是世外桃源。我希望这间房子能容纳我所有的梦想。在这里，希望我们能聆听、凝望、感受、品尝并谈论咖啡；希望我们能怀着敬意，给所有的咖啡起个名字；也希望咖啡师们能为每种咖啡豆代言，并讲述咖啡豆原产地的故事；更希望每位来访者离开之时，都能变得心荡神驰。

创造这样一个远离大批量咖啡生产的世外桃源是一个挑战，因为生产大批量咖啡就意味着更多辛劳的汗水和更肆意的咖啡掠夺。这里还是一个远离营利的世外桃源，以营利为唯一目的的咖啡只是味道苦涩的混合物和保持清醒的代名词。

在此，要感谢我的学生们和被咖啡征服的400个灵魂。从他们身上，我重拾了奇妙而多元的使命感，这种使命感在日常生活中不断激励着我，也正是这种使命感，才让这个乌

托邦得以成为现实。当然，还要感谢不吝笔墨的记者和作家们，感谢每天光顾这里的艺术家、音乐家和诗人们，是他们让这个乌托邦得以成形，让理性之魂得以重现。

撰写这本书，对我这个"咖啡诗人"来说，是一种全新的挑战，是我从未预料到的事情。因为在我的人生里，我一直是一个用两种语言与人打交道的人。不过这次也将是一次美妙的人文智慧之旅，而我也将同我的女儿（她是我的队友，也是这本书的联合作者）克里斯蒂娜一道来揭示、探索。我们一起著作，这也就意味着我们会互相校阅，会辩论，会分享，会欢笑，会梦想，会交流，会发现，然后一起成长。当然，我们还会探索出更美味的咖啡。

这本书并非要成为一本百科全书，也不会成为一本科学著作。毕竟一本书不能详尽地道出一切。这只是一本因为我的第六感而催生出的书，仅仅是为了让这杯小小的黑色饮品能穿过昏暗的历史隧道，为世人所了解，能重见光明。这是一本画册、一本诗集、一本宣传册、一本随想集，这是一杯专属于我的人生浓缩咖啡。

2017年7月22日 于巴黎

会讲故事的咖啡

格洛丽亚·蒙特内格罗

来吧！

首先，要注意，保持周围安静，而你自己更要内心平静。让我们进入正题吧！

请将这本书放在你面前，拿出一个杯子。

这个杯子可以是一个喝意大利浓缩咖啡的不大的杯子；可以是一个玻璃杯，杯中是煮制好的土耳其咖啡；也可以是一个中等大小或者加高型的咖啡杯；甚至还可以是一个装有颜色或深或浅的液体的马克杯。

煮制工具——不论是冰滴咖啡壶、过滤式咖啡壶、摩卡咖啡壶、浓缩咖啡机还是虹吸咖啡壶——它们都不重要，连咖啡豆的产地也不重要，重要的是咖啡是你自己冲煮的。

用双手触摸一下这个咖啡杯——感受它的线条和轮廓。咖啡杯的材质是陶瓷的、粗陶的，还是玻璃的？可能杯子有些烫，但还是要把杯子整个包在手心里，拿着杯子，和杯子嬉戏，轻抚杯子，观察杯子，就像能从杯子里观察到咖啡所要表达的内涵一样。

再仔细看看这杯咖啡：这真的只是一小杯黑色的咖啡吗？观察附着在杯子边缘的颜色，是木色，或者是大地色，还是有点赭石色？轻轻晃动杯中的咖啡，在万道微光下，咖啡是不是已经半透明了？或者说沉淀了咖啡粉的那部分是不是已经浑浊了？

现在，请闭上双眼，把鼻子探进从杯中弥漫出的热气之中，让鼻子直接和大脑交流。像一贯理性的大脑一样去观察，让大脑放松，开启时空之旅。咖啡能让大脑回想起一些事，或许是某个时刻，或许是某种形状，或许是某种颜色，或许是某些难以捉摸但确实存在的东西。

这种神奇饮品散发出的香气现在勾起了你的味觉。别睁开双眼，呷一小口，集中精神，让咖啡在你的口中漫步。味道是极为浓烈还是淡然无味？让你的舌头和咖啡一起跳舞，让咖啡在你的口中翻滚，直到抵达上颚，再在舌底藏一会儿。你第一口品尝到了什么？一点点酸味吗？还是一点沙砾感？是甘甜还是苦涩，或是有点咸？现在再深入一些，忘掉咖啡，试试看能不能品出淡淡的果香味。是坚果香还是花香？是甜品味还是烤肉味？别停，不要回归理性，让你的感官记忆和你的意识构建联系。一旦你准备好了，那些能表达感受的话就会油然而生。好好品尝属于你的咖啡吧！让咖啡融入你的感官经历中。

别睁眼，一口喝下这杯咖啡。当咖啡一路滑入喉间时，它的香味还能一直在你口中弥漫吗？鼻子里呢？如果能，那就细细品味吧，就好似嘴里有漫漫长路，咖啡慢慢滑过，为你打开新的感官世界，揭开深藏已久的回忆一样。

现在你可以睁开双眼了。

再次拿起这本书。

准备就绪。

请慢用！

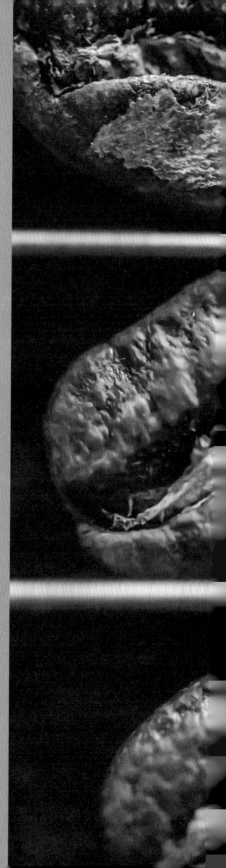

目录

咖啡与咖啡树

你认识咖啡吗？我们说的不是作为一种饮品——可以让人早上清醒或者美餐一顿后锦上添花的饮品，而是一种长在土里的、可以咀嚼的果实。这种"魔力豆子"有上千种煮制方式，能和你的大脑、血液、感官以及整个身体机能相互作用，来向你讲述它的故事。

最初的产地

想象一下，你的眼前是一片茂密的森林。这片森林就在现在埃塞俄比亚的山坡上。可能是一千年前，或者是一万年前，或者是十万年前，或者就是今天！这都不重要，因为我们超越了时间。

在这里，有高大的树丛让我们免受炎热之苦，也免受热带地区太阳的直射，这片潮湿的土地甚至有些凉爽。我们面前，矗立着几米高的树，对生的树枝长而柔韧，成对的树叶有波浪形的边缘。尤其能吸引我们眼球的，是这些椭圆形的果实。它们像葡萄那样成串生长，有绿的、黄的、红的。摘下最显眼的、血红色的那颗咬一口，果肉很美味，甜甜的，居然如此细腻！果肉的核心有两颗扁长的种子，种子的外层还包有一层（或者两层）外衣，我们把外衣剥去。

什么样的宝石能像这些种子这样进行自我保护？不管怎么说，这两颗玉白色的种子硬得咬不动，所以我们就扔掉了。几年后，就在这个地方，长出了另外一种不一样的植物。

这种植物，就是现在我们认识的阿拉比卡咖啡树，一种来自东非大裂谷的咖啡树。这种植物喜阴，主要分布在塔纳湖周围的峡谷里，沿着从山上往下流淌的河流，一直铺到蓝色的尼罗河，或者延伸进神秘的卡法区。在那里，这种灌木和其他的树木和谐共处。由于它结出的果实深受鸟儿和啮齿动物的喜爱，所以即使没有人为授粉，这些灌木经过700万年的风雨，也能不断繁衍生息。

东非大裂谷，这个地质学、微气候学和生物学上的奇迹，这片摇篮秘境，既是人类文明的起源地之一，也是咖啡的发源地。人类和咖啡树的基因惊人地相似——人类有46条染色体，阿拉比卡咖啡树有44条。阿拉比卡咖啡树是10万种茜草科植物大家族中的一种，它还分有70多个现如今为人所熟知的咖啡树亚种。

最为人所熟知的两个种类是阿拉比卡咖啡树和罗布斯塔咖啡树。由它们的咖啡豆制成的咖啡被直接称为"阿拉比卡咖啡"和"罗布斯塔咖啡"。近期的科学发现显示，咖啡树的基因组和衍生出各种各样开花植物的、距今已有1.4亿年的先祖物种有着惊人的相似点，这同时也显示出咖啡树有着非凡的耐力。

咖啡花 ▶
克里斯托弗·阿尔皮扎尔

幸福的阿拉伯之旅

在17世纪和18世纪之交，一支法国远征队来到了也门。他们的当地向导们为这些"远征者"找到了世界上第一片咖啡种植园。这支队伍回到法国后，受到了让·德·拉洛克——一位来自马赛的新闻记者、旅行家和文学家的接待。由于让·德·拉洛克倾心于这些人的游记，还专门写了一份报告。报告于1716年得以出版，被保存在国家自然历史博物馆的图书馆内，已经成为一份了解初创阶段的咖啡文化的珍贵文献。

尽管有些咖啡树种可以长到15米高，但阿拉比卡咖啡树最高只能长到8米。在开花期，咖啡树的树枝上会开满白色的馨香的小花儿，形状、颜色、香味都和茉莉花很像。之后，这种花儿会结出椭圆形的浆果，这就是咖啡果。这种果实成熟期不规律且成熟缓慢，成熟的浆果却十分甘甜。果肉里面长有两颗小种子，它们像双胞胎一样联结着，颜色呈现灰色偏淡绿色或者翡翠绿。这两颗种子被两层薄薄的膜保护着。一层膜会在封装前被机器去掉，另一层银色的膜则会在烘焙时从这些绿色的种子上自动脱落。正是经过咖啡种植人、烘焙师和咖啡师的手，这些种子才真正变成了杯中乐事，散发着来自土地的迷人香气。

现在，我们来观察一下阿拉比卡咖啡——这个发散出各个分支的咖啡祖先。它理想的生长地区，可以是自远古时代开始就形成的东非大裂谷的高原地区；也可以是阿拉伯地区的高山，因为16世纪，人们在这里第一次种出了这种植物；还可以是几十年来与日俱增的咖啡种植园，这些种植园已经成了和原始丛林十分接近的农业人工园林。如此一来，不管是天然的还是人工种植的，原产地咖啡都如同它刚被发现时一样，尊重着原始的生存条件。因此，我们看不到咖啡豆变种的过程，而只有其天然的生长环境。

阿拉比卡咖啡

阿拉比卡咖啡是在1753年由分类学之父、瑞典科学家林奈命名的。与和他同时代的人一样，林奈也认为咖啡树来自幸福的阿拉伯（现在的也门）。由于阿拉比卡咖啡在那个时代还鲜为人知，所以它也就成了咖啡物种中唯一被编入册的品种。至于罗布斯塔咖啡，则在很久以后才被发现——19世纪末，在东非大裂谷的另一边，位于非洲大陆西边的热带丛林里。

◀咖啡树树枝上的浆果
克里斯托弗·阿尔皮扎尔

埃塞俄比亚的卡法地区，是咖啡树天然的聚居地，位于北纬6°~9°，而也门咖啡种植区则位于北纬15°。多次实验表明，咖啡树只能在热带种植，在北回归线（北纬23°26'）和南回归线（南纬23°26'）之间。赤道温和的气候——全年平均气温在20℃上下（理想情况下在18℃~25℃），十分分明的旱季和雨季以及持续的光照（早上6点左右日出，下午6点左右日落）是咖啡树生长的最理想的条件。

海拔是另外一个关键因素：热带当然是最佳的地理位置，但是不能位于低于海平面的低洼地带。在东非大裂谷的峡谷里，野生咖啡树生长在海拔1300~2000米的地区。也门是一个多山的国家，那里有着整个阿拉伯半岛最高的山：有7座海拔3000米以上的山峰，其中最有名的是哈杜尔舒艾卜峰，该山峰高3666米，是该地区最高的山峰。有一半的赛拉特山脉海拔在1300~2100米，和埃塞俄比亚的一样。这就是最初咖啡是由阿拉伯人种植的原因。现在，世界上最好的阿拉比卡咖啡种植园都位于海拔1000~2000米的地区。

也门的萨拉瓦特山脉是阿拉伯高原的一部分，山脉被火山岩覆盖着，还有大片的熔岩石——哈拉特熔岩石。因此，咖啡树种植在这片地区能如此繁茂也就不足为奇了。这里的土壤的地质构成也是该地区咖啡树能成功种植的不可或缺的因素。富含火山灰和熔岩石的火山土壤提供了源源不断的磷元素，而黏土还富含水分。土壤元素的构成如此重要，以至于能够取代海拔高度带来的生长条件，这也是为什么还有一种非常出色的夏威夷科纳阿拉比卡咖啡在海拔500~800米的地方就能生长。

水依然十分重要，既不能太多，也不能仅仅是足够而已。埃塞俄比亚咖啡种植地区的年降雨量在1500~1800毫米。旱季会持续4~5个月，剩余的时间都是雨季，降雨量从适中到密集。湿度取决于周围的植物群，若有其他树木的庇护，湿度会更适合。然而也会出现缺水的情况，例如在也门，当地的咖啡种植者们就不得不去学习另外一种能保证这

山地咖啡种植 ▲

哥斯达黎加
克里斯托弗·阿尔皮扎尔

"原产地咖啡，意味着这些咖啡是在尊重咖啡树长久以来的生存条件的基础上，被种出来的。"

种湿度的方法。正如让·德·拉洛克写的那样："他们那些大面积的种植园，需要把山间的小溪流围起来，然后再用沟渠把这些水流引向咖啡树的周围，因为这些树必须得到充分灌溉。只有保持湿润的树，才能结出果实并逐渐成熟。然而，当咖啡树上结出了很多成熟的咖啡果实时，种植者们又需要把这些水从咖啡树的树根处排走，以确保树枝上的咖啡果实能干燥起来，因为过分湿润的环境反而会妨碍到咖啡树的生长。"如今，干旱问题已经成为全世界咖啡种植者们的主要挑战，这也是咖啡种植园越来越普及的原因之一。

说到潮湿度，就得说到树

荫。提供树荫的林冠就是咖啡树最重要的"过滤器"。我们都知道，全世界最好的阿拉比卡咖啡种植园都位于山坡上。如果旁边没有生长着高大的树木，炙热的阳光将变得更加强烈，更别说还有冰冻、强降雨、强风这些更恶劣的天气现象了。咖啡树周围的树木能调节咖啡树的呼吸，保护咖啡树的树根和树叶。而且，这个"过滤器"还能确保咖啡树上长出的浆果成熟得更缓慢些，浆果不慌不忙地在树上不断形成香气，在有足够的浆液、水和阳光的条件下，经过9个月的时间，慢慢成熟。在雨季，林冠能让咖啡树免受雨水的直接冲刷，让雨水慢慢滴落下来，以减少雨水的

侵蚀和土壤水分的流失。和没有树荫庇护的种植园里的咖啡树相比，林冠能确保咖啡树维持高达70%的湿度。这种水分的维持将让咖啡树在整个旱季受益。这种森林形成的小气候十分必要，而且几十年来一直为种植者所青睐。随着气候变暖，旱、雨两季更加分明：旱季里干旱更加普遍，而雨季里洪涝现象更加频繁。能提供树荫的大树对咖啡树的生长、对杯子里咖啡的口感，甚至对整个地球都有益。

咖啡林成为多种动物的避难所。这些动物能保证生物多样性，并使土壤肥沃。比如昆虫，除了对树木有些许损伤之外，更多的是能保护这些树木免受其他天敌的袭击，并有益于树叶和果实的降解，使其成为肥料；此外，动物的粪便能使土壤变得肥沃；而蝙蝠则和蜜蜂一样，有助于授粉。同时，林冠还为鸟儿提供了避难所，不论是当地特有的鸟类还是迁徙的鸟类。至于蝴蝶，它们则是十分靠谱的生物多样性的指向标。蝴蝶本身就热衷于生活在物种丰富的生态系统里，如果能在咖啡种植园内找到蝴蝶，那么你就收到了一个非常好的信号！咖啡林是实实在在的天然避难所，它能保护热带地区生态系统的生物多样性。

所以，可以明确的是，咖啡林里的生物多样性越丰富，树木越茂密，咖啡树就能生长得越好。藓类植物、林下灌木和其他灌木能彼此帮助，互相滋养。这种生态系统同时能为咖啡树提供营养。某些物种，比如荨麻，其"氮化"的过程能把大气中的氮元素转换成一种和土壤相似的物质。在向土壤里添加了氮元素后，土壤显而易见地变得更加肥沃。而人类对化学养料与日俱增的需求，比如氮素肥料，则会给环境带来破坏性的后果。

也有一些其他的树木，比如银桦这种抗霜冻的植物，则是高海拔种植园里的宠儿。在同样复杂的生态系统里，银桦们同甘共苦。在咖啡林里也能发现其他多种多样的果树：香蕉树、牛油果树、番石榴树、夏威夷果树，以

及橙树等柑橘类树木。它们都是咖啡树天然的好伙伴。树叶和果实掉落在地上，形成了天然的肥料，这是咖啡树生长的土壤非常重要的营养来源。

在植被覆盖较好的地区，树叶等降解后形成的有机物能达到30厘米厚。这极大地肥沃了土壤，这些土壤又哺育着依赖土壤的生物。

裸眼看不到的有机物——细菌、真菌和降解后的植物废料都可以成为扎根的植物的营养来源。咖啡树的根部组织尤其发达，呈放射状，能扎进地下30厘米到1米处。土壤层里包含了咖啡树所需的矿物质：铜、钙、氮、磷、锌、镁、硫和钾。空气中的微粒也能被水捕获溶解，给土壤提供营养。

最初的阿拉比卡咖啡树是通过天然的或者人为的嫁接或基因突变，从多个咖啡物种进化而来的。现如今的咖啡树种植则力求尽可能地尊重并重现咖啡最原始的生长条件，并把这种生长条件编辑成系统化的标准。几个世纪以来的全球咖啡树种植资料显示，咖啡树生长需要理想的环境。如今，农林业已然成了提高地球森林覆盖率和保护有数千年历史的森林的希望。咖啡树种植在世界经济中占据了如此重要的地位，因此，回归可行的生态生产，必然是一种能将生产和环保联系起来的方式，而且能改善产品质量，保护有数千年历史的森林，提高森林覆盖率。沃土中培育出来的咖啡树就成了地球未来的希望。

1
公顷
同样是1公顷，热带地区1公顷土地平均栖息的植物种类是温带地区的15000倍。

1.5
倍
尽管厄瓜多尔的国土面积是美国和加拿大面积总和的1/70，但厄瓜多尔当地生长的植物的种类是美国和加拿大总和的1.5倍。

90%
危地马拉植物
在危地马拉，90%的植物都属于农林业，且位于高海拔地区。

东非大裂谷

"大裂谷"这个词一般指"裂痕""断层""鸿沟"或者"裂口"。东非大裂谷，世界大陆上最大的断裂带，位于非洲东部，南起赞比西河的下游谷地，向北经希雷河谷至马拉维湖北部分为东西两支。

特点各异

东非大裂谷纵贯非洲大陆东部，经东非高原、埃塞俄比亚高原、红海，一直延伸到死海附近。东非大裂谷位于三大地质板块的交界处：东北的阿拉伯板块、西部的努比亚板块和南部的索马里板块。这个交界处也成了非洲角的交界点。这种地貌上呈现出"Y"字形的三方断裂的结果就是形成了三块同一系统下的裂谷分支——红海裂谷带、亚丁湾裂谷带和东非裂谷带。而这可以追溯至几亿年前。那时板块开始分裂，形成断裂和下陷，高原的岩壁受挤压上升至高于峡谷的海拔高度。所以，通过观察地图，我们可以猜想，以前的非洲大陆和阿拉伯半岛是连在一起的。而

现在，两地之间的裂口还在不断增大，东非大裂谷在逐渐远离非洲大陆。而大裂谷峡谷则成了地球上巨大的断裂系统之一，可延伸至9500多千米长、40~50千米宽，从红海南部（最早的大裂谷痕迹出现在约3000万年前的亚丁湾）一直到南部赞比西河三角洲。东非大裂谷属于火山地质，有不少还是活火山，其中就有雄伟的乞力马扎罗山（海拔5895米，由三座火山组成，其中两座为休眠火山）、肯尼亚山（海拔5199米）、埃塞俄比亚的尔塔阿雷火山、刚果的尼亚穆拉吉拉火山、坦桑尼亚的伦盖伊火山。

除了火山之外，在大裂谷一带还能看到熄灭的恩戈罗恩戈罗火山口和不少的火山湖。这些湖

和水流在东非这条南北向的大裂谷形成之时就出现了，它们给这个地区带来了生物多样性。从河岸的一边到另一边，沿岸的风景大相径庭。在大裂谷的东边，火山活动频繁，炽热的岩浆喷涌而出，土地干涸；而在西边，气候湿润，森林密布。由于地质活动的频繁和水文上的巨大差异，东非这一地区的地理风貌的演变直接而持续地和气候相互影响着。因此，我们能看到的湖泊的出现和消失，都要归因于是处于雨季还是旱季，抑或是海洋温度反常。

避难所

阿法尔地区地处非洲—阿拉伯裂谷系统的中心地带。地质活动频发，使得阿法尔地区成了生

物进化的中心。该地区能让时间从中世纪（约1100万年前）到现在几乎处于静止状态，这有利于多种生物物种（其中就有不少著名的史前生物）以化石的形式保存下来，并为我们提供有关人类起源的档案。

大裂谷形成了一座储存遗迹和信息的宝库，让我们能够重新构建人类800万年以上的进化历史。根据古生物学家伊夫·柯本斯在题为"人类的起源"中的假设，人类的起源和东非大裂谷有着紧密的关联，人类的诞生是某种人类之前的生物适应气候变化的必然结果。

的确，在这片多火山的土地上，会发生对人类这种物种来说最重大的演变——采用双足站立行走。除了这些在20世纪初就被展示在巴黎自然历史博物馆中的最原始的化石外，还有数百万待发掘的化石，它们构成了全世界古生物学最大的宝库。

"非洲之角"的命名很大程度上也得益于人类历史上几项著名的发现之一，也就是人类和类人类化石的发现。1974年，在哈代尔发现了露西（被称为"人类祖母"）的一部分残骸后，东非大裂谷即被推上"人类原始足迹保护区"的位置。

东非大裂谷——人类的沃土

人类的残骸和其他遗迹并不是东非大裂谷带来的唯一的财富。这里还集中了一个非凡的动植物群，特别是在港口的碱性湖泊周围，成千上万的鸟类和其他动物栖息于此。

巴索尔特（被火山熔岩覆盖过）在大陆漂移形成裂谷的影响下诞生。伴随出现的还有三条裂谷的联结，导致了阿法尔地区陷落、碎裂，从而形成几大高原：埃塞俄比亚高原、也门高原和索马里高原。埃塞俄比亚的几大高原，由于比平原的气候更温和、湿润，形成了一块富饶的理想农耕区。耶加雪菲拥有一切吸引农业种植的因素，富饶的火山岩土壤区的种植面积正在不断扩大。就是在这里，咖啡树繁茂生长。根据牧羊人卡尔迪的传说，就是在这里，咖啡诞生了。

自然突变和人工嫁接

咖啡作为世界三大饮料之一，是一种精神良药。数十亿消费者需要每天饮用咖啡。随着人口的增加和全球化的加深，世界上种植咖啡树的用地需求量也越来越大。

由于根植于热带地区周边，咖啡树已适应了各种自然环境，但是大自然却还没能满足世界的需求。在20世纪，我们还专门制订了一个研究和发展计划，以期创造可以伴随工业化发展的各类咖啡品种。因此，阿拉比卡种和罗布斯塔种的基因进化也就成了一个自然而科学的主题，且是当前许多问题的核心。

作为茜草科众多成员中的一个，在18世纪由安托万·罗兰·德朱西厄根据其颜色和根茎被命名为"Coffea"的咖啡，是一种与其他约500种茜草科树具有相同特征的植物。茜草科是主要生长在热带地区的灌木。我们发现的含有生物碱这一精神药物的大多数植物也都来自这一科，比如奎宁。

非洲既是咖啡树的原产地，也是咖啡树的变异地：在东非大裂谷里，咖啡树从一棵母株开始产生了变化。

瑞典科学家林奈——分类学之父，在1753年给了阿拉比卡咖啡属于自己的学名。与他的同时代人一样，林奈一开始也认为这种咖啡起源于幸福的阿拉伯，因而取了这个名字。阿拉比卡咖啡是那时已知的唯一的咖啡物种。罗布斯塔咖啡于19世纪末在东非大裂谷的另一边——非洲大陆西部的热带丛林里被发现。与此同时，还有另外13种新物种得以被发现。

这些重大发现使得建立一种横向的普遍性得以实现。本质为木质的咖啡能制造出以木质为主要成分的有机大分子。此外，咖啡还是双子叶植物，每个子叶包含11条染色体，因此，咖啡有22条染色体——增加了一倍；而阿拉比卡咖啡的染色体数目更多，足有44条。可能是某次遗传事件发生意外造成了阿拉比卡种的诞生，让它与其他已知的咖啡种类都不同——其他种类的咖啡需要交换基因，以某种频率丰富种类，而阿拉比卡咖啡可以自花授粉，有时，它甚至在花开之前就能完成授粉。

今天，20世纪初的大发现已

咖啡圈 ▶

玛利亚·安德烈·内格勒罗

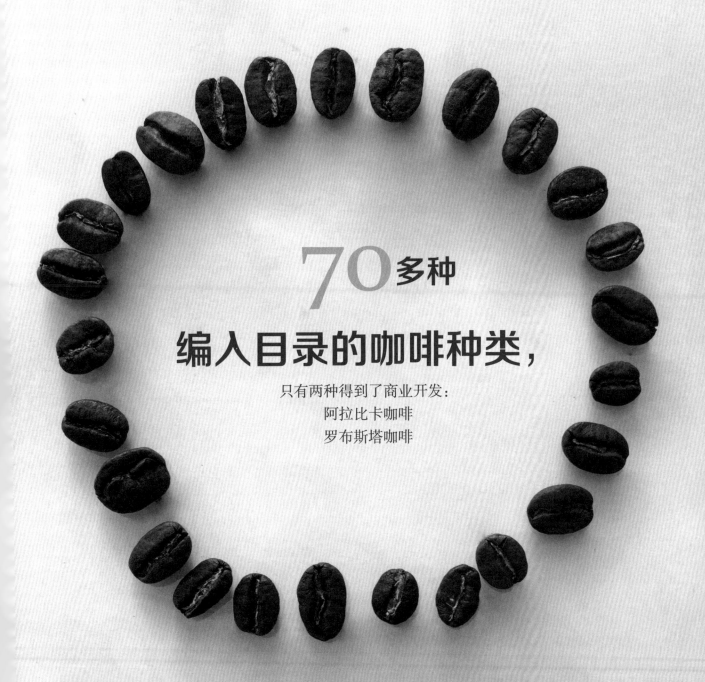

70多种

编入目录的咖啡种类，

只有两种得到了商业开发：
阿拉比卡咖啡
罗布斯塔咖啡

阿拉比卡咖啡和罗布斯塔咖啡的主要差别

	阿拉比卡咖啡	罗布斯塔咖啡
染色体	44条	22条
传粉	自花授粉	交叉授粉
成熟时间	6~9个月	10~11个月
理想的生长环境	海拔800~2000米温和的赤道气候（17℃~27℃）	海拔100~900米湿润的热带气候（24℃~30℃）
咖啡因含量	0.5%~1.4%	1.8%~4%
抵抗力	易受疾病和害虫的侵袭	抵抗力强
年产量（吨）（2016年）	90000	60000
口感	柔和、醇厚，有果香、花香和坚果香	灌木的味道

经完成：我们已知的咖啡有70多种。一些科学家甚至把这一数字增加到了90，但它们的分类有时还是不够确定。然而，今天饮用最广泛的咖啡还是阿拉比卡咖啡和罗布斯塔咖啡。由于农业加工业的发展，这两种咖啡几乎是垄断性的存在。

咖啡的扩张

在20世纪中叶，咖啡产地的面积开始全面扩张。在埃塞俄比亚之后，也门、印度、斯里兰卡、留尼汪岛、马提尼克岛、法属圭亚那、古巴、中美洲、秘鲁、巴西随之被开发……这是咖啡种植地向东非的一种回归性扩张。

这些咖啡植物是来自也门的一些咖啡的后代，而它们是外交官或熟练的冒险家通过谈判或偷窃得来的。因此，这些植物的基因遗产足够低：只有波旁品种和铁比卡品种得以培育出来并广泛种植。有时面对新环境，这些植物还会通过基因突变呈现出其他的形式。事实上，自从阿拉比卡咖啡被种植在埃塞俄比亚以外的其他土地上后，新的人工杂交和自然基因突变现象就已经出现了。这种植物面对新环境的适应能力也可以纳入查尔斯·达尔文就物种的适应性所做的报告中。

像荷兰和法国的植物园里的阿拉比卡咖啡一样，罗布斯塔咖啡首先在比利时的温室里种植。科学家们很快就发现了罗布斯塔这个品种的韧性。这是这个在今天占了主导地位的咖啡的常用名称的由来，这也是这种咖啡的世

500

千克

在传统种植园里，每年每公顷可产出500千克咖啡豆。

5

吨

在越南的种植园里，每公顷土地的咖啡豆年产量为5吨。

100

千克

每100千克咖啡果能产出20千克干燥的生咖啡豆。

界总产量能够多于其他中粒咖啡品种的原因。我们决定重新把它引入非洲，特别是科特迪瓦，以及印度尼西亚爪哇岛。

在20世纪，面对不断增长的营利需求，人们试图培育出抵抗力更强的植物。顽强的罗布斯塔咖啡的意外发现给了咖啡一次新的馈赠。但由于该品种口味单一，研究人员们开始探索阿拉比卡咖啡的替代品，使其更能抵抗疾病或在不利的环境中（比如平

原、低海拔地区、没有阴凉之地等）更易于种植。所谓的"遗传改良"就是旨在提高咖啡种植园的收益。在传统的种植园内，每年每公顷产500千克咖啡豆，而在"理想操作"的种植园（如越南的种植园），每公顷产量可高达5吨。不仅提高了产量，生产成本也大大降低了。

那么，到底应该对咖啡进行嫁接，还是让咖啡进行自然的基因突变呢?

咖啡的基因族谱

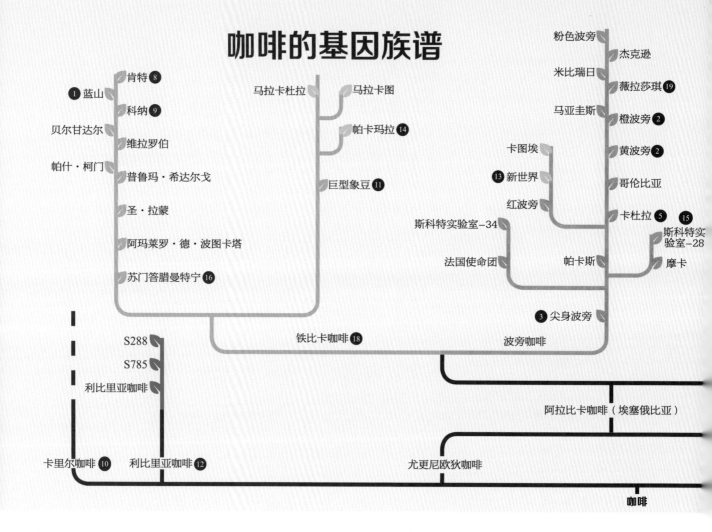

粉色波旁
杰克逊
米比瑞日
薇拉莎琪 ❶❾
马亚圭斯
橙波旁 ❷
黄波旁 ❷
哥伦比亚
卡杜拉 ❺ ❶❺
斯科特实验室-28
摩卡

肯特 ❽
蓝山 ❶
科纳 ❾
贝尔甘达尔
维拉罗伯
帕什·柯门
普鲁玛·希达尔戈
圣·拉蒙
阿玛莱罗·德·波图卡塔
苏门答腊曼特宁 ❶❻

马拉卡杜拉
马拉卡图
帕卡玛拉 ❶❹
巨型象豆 ❶❶

卡图埃
新世界 ❶❸
红波旁
斯科特实验室-34
法国使命团
帕卡斯

尖身波旁 ❸
波旁咖啡

铁比卡咖啡 ❶❽

S288
S785
利比里亚咖啡

卡里尔咖啡 ❶❿
利比里亚咖啡 ❶❷
尤更尼欧狄咖啡

阿拉比卡咖啡（埃塞俄比亚）

咖啡

---

❶ 蓝山咖啡

作为铁比卡咖啡的后裔，在牙买加蓝山地区被发现，海地、夏威夷、肯尼亚也有踪迹。其对浆果病的抵抗力使它成功地在19世纪流行开来。今天，80％的产量会出口到日本。

❷ 黄波旁咖啡和橙波旁咖啡

作为原始波旁（红波旁咖啡）的变种，这两种咖啡和红波旁咖啡的口感

相似。

❸ 尖身波旁咖啡

这是由于基因突变而出现的一种古老的变种，1810年在留尼汪的勒鲁瓦庄园被选中。尽管留尼汪岛的瓜德鲁普、新喀里多尼亚后来均重新开始种植，但如今却几乎消失了。

❹ 卡第摩咖啡

此咖啡为帝姆咖啡（阿拉比卡咖啡和罗布斯塔咖啡

杂交而成）和卡杜拉咖啡杂交而成。1959年在葡萄牙培育而成，紧接着就被带到了拉丁美洲、印度和印度尼西亚。其特点是味道极其苦涩。

❺ 卡杜拉咖啡

1937年在红波旁咖啡基因突变的基础上培育出来。尽管这种咖啡树产量低，但它比其他的波旁咖啡树更能抵御疾病，且树

形小。在哥伦比亚和中非有种植。

❻ 狭叶咖啡

源自赤道几内亚、塞拉利昂和科特迪瓦，生长在低海拔（200~700米）地区，成熟缓慢。几乎跟罗布斯塔咖啡同时被发现，但它对疾病的抵抗力更差。除了在塞拉利昂，很少由于商业目的而被种植。

❼ 瑰夏咖啡

源自埃塞俄比亚的瑰夏地区，从20世纪50年代开始在巴拿马、哥斯达黎加、秘鲁和哥伦比亚种植。这种咖啡树非常敏感，只能在某些小气候带生长。

❽ 肯特咖啡

作为铁比卡咖啡的变种，这种咖啡首先在印度被发现。如今，肯特咖啡广泛出现在肯尼亚。

❾ 科纳咖啡

瓦胡岛总督博济酋长在1825年把铁比卡咖啡植株引入了夏威夷。之后出现的基因突变把这种咖啡转变成了另一种更精细的咖啡。因为这种咖啡适宜在特殊的小气候带生存，因而种植在该地区的低山（海拔800米）地区。

❿ 卡里尔咖啡

这是2008年在喀麦隆被发

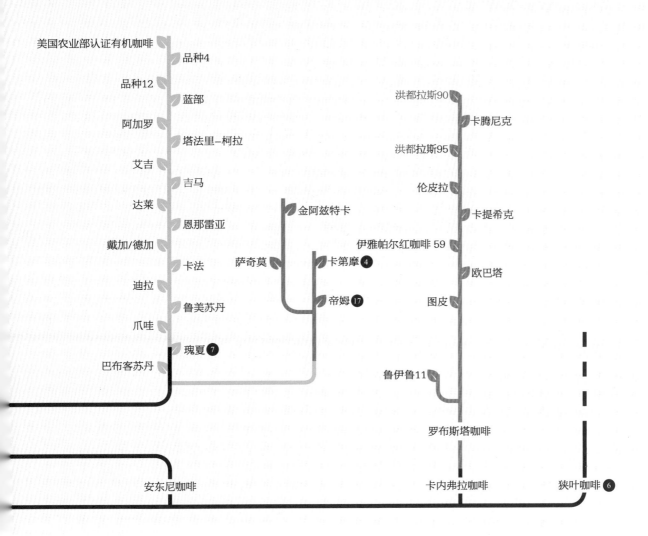

现的野生品种，为纪念法国研究员安德鲁·卡里尔而被命名为卡里尔。这位研究员致力于研究中非的咖啡种植。这种咖啡树的特性在于能够结出无咖啡因的咖啡豆。

⑪ 巨型象豆咖啡

在巴西的 个古老地区被发现，是铁比卡咖啡的变种，其特点在于咖啡豆很长。主要种植在中美洲、墨西哥、秘鲁和巴西。

⑫ 利比里亚咖啡

18世纪在利比里亚被发现，咖啡树高达20米，浆果特别大且左右不对称。得到了商业生产，但其产量仅占世界咖啡总产量的1%。

⑬ 新世界咖啡

这是铁比卡咖啡、苏门答腊咖啡和波旁咖啡亚分支的天然杂交的结果。自20世纪50年代以来，被巴西政府广泛地介绍给各大生产商。尽管产量大，但这种咖啡树抵御疾病的能力差。

⑭ 帕卡玛拉咖啡

这种咖啡是帕卡斯咖啡和巨型象豆咖啡杂交的产物，由萨尔瓦多咖啡投资学院培育。

⑮ 斯科特实验室-28咖啡

这是一种由肯尼亚的斯科特实验室于20世纪30年代培育出来的咖啡变种。如今，这种咖啡主要种植在东非，尤其是津巴布韦。

⑯ 苏门答腊曼特宁咖啡

这是印度尼西亚苏门答腊咖啡最著名的一个变种，起于铁比卡咖啡的基因突变，在该岛北部的多巴湖附近被发现。

⑰ 帝姆咖啡

这种咖啡是阿拉比卡咖啡和卡内弗拉咖啡（罗布斯塔咖啡）罕见的自然杂交的结果。其香味和罗布斯塔咖啡很接近。此外，帝姆咖啡还和薇拉莎琪咖啡以及卡杜拉咖啡有交集。

⑱ 铁比卡咖啡

这是一种由也门出口到全世界的咖啡品种。从荷兰人和法国人获得样本开始，这种咖啡就出现了不计其数的基因突变和人工杂交情况。其最原始的品种依然存在，是一种非常经典的品种。

⑲ 薇拉莎琪咖啡

作为波旁咖啡天然的基因变种，这种咖啡在哥斯达黎加的莎琪地区被发现。尽管传播不广，但以其优雅和柔和而大受喜爱。

咖啡冠军

对安娜贝拉·梅内塞斯的访谈

生平

2017年"卓越杯"金牌获得者安娜贝拉·梅内塞斯是咖啡制作工艺的传承人。众多生长在危地马拉阿卡特兰戈火山山坡上的咖啡，都已经得到了安娜贝拉家族五代人的培育。

格洛丽亚·蒙特内格罗：

圣费丽莎咖啡刚刚获得了2017年"卓越杯"的金牌，得到了国际认可。请你跟我说说你和你的家人在种植方面的故事。你是怎么达到如此专业的程度的呢？

安娜贝拉·梅内塞斯：

这一切要从我的外曾祖父母说起。他们在阿卡特兰戈火山的山坡上买了块地，并把这块地分成了两块。当时他们有四男三女，于是一块地给了四兄弟，另一块地给了三姐妹。那块四兄弟分到的土地种出来的咖啡就是圣费丽莎咖啡。

这三姐妹中就有我的祖母——他们一起管理这片地，和谐相处。我的祖父和我的祖母结婚的时候，他们决定搬到首都的市区，来给他

们的儿子——我的父亲——提供良好的教育。

我的父亲也没有让他们的良苦用心白费——他成了一名工程师，建造了现在这个国家存在的绝大部分桥梁。1988年，他凭借一张预制的桥梁设计图纸获得了建筑奖。

在那段时期，我的姨奶奶阿尔吉莉亚和卡尔洛塔负责管理这片土地。她们按市场价格把咖啡卖给德国商人。她们两人在当地人中具有极强的社会影响力。这些当地人住在庄园里，是帮忙采摘的季节工。我童年时的假期几乎都在圣费丽莎庄园度过，每次都是一次实在的节日：周围是盛开的鲜花和结出的果实。我在乡村咖啡树的包围下和在这里生活的朴素的当地人的爱意中长大。在18岁那年，我决定去研究农

学，还考上了代尔瓦（私立）大学。可令我十分失望的是，大学的学业主要集中在提高生产效率和机械化上。

不过，我还是坚持我自己的原则。我的论文是关于咖啡种植在圣费丽莎庄园的应用。为了研究一块11公顷的地，我用了三年的时间。

我们在这块地上造林、种植果树。我决定前往哥斯达黎加，在国际农业发展合作组织研究中心来完成我的学业。我研究了传统的、注重生产效率的种植方式所开发出来的土地，那里的蘑菇和真菌只有三种颜色：绿色、白色和黑色。通过反差效果，我看到了森林的土壤。这才是颜色真正的嘉年华：有紫红色、橙色、玫红色、红色和蓝色。在这里，蘑菇和真菌在地上跳舞，快乐，五彩缤纷。还有一种长在地表的圣洁的五彩花，它让我想起了某些贝类真菌，它们依然生存在热带海洋地区。我这才明白，土壤也是有生命的！我还明白了这种有生命力的花儿是怎么让大树免受疾病和毒蘑菇的侵袭的。

这也就是生长在这里的植物疾病更少的原因。

我还有了一种顿悟：我在一家德国咖啡进口公司里实习时，发现了让咖啡的不良味道消失的方法，这需要在咖啡入杯前进行多道工序。我带着脑海中的这种图像回到了危地马拉，并住进了圣费丽莎庄园。我儿时的伙伴们现在也依然和我一起做咖啡。我们像兄弟姐妹般一起生活，大家都有一个共同的目标：我们的咖啡要成为最好的。我们决定，整个庄园都应该是生态的，而我们的咖啡要有可追溯性。

我在我们现存的咖啡种类——波旁咖啡和铁比卡咖啡里加入了瑰夏咖啡种子。我觉得我已经准备好了。我在30岁的时候宣布要成为咖啡种植者，并且建造了瑰夏咖啡的苗床。现在，我们拥有的能获得金牌咖啡的土地足足有20公顷。我发现森林里的植物并不喜欢急剧的气温变化，这只会带来压力，削弱它们的生存力，因而使它们更容易遭受疾病的袭击。而一棵长在森林里的咖啡树就要健壮得多。当然，这也不是说就要对这些咖啡树不闻不问。我们还是会经常对土壤进行分析，就像是给人进行的采血一样。按这种方法，我们就能评估土壤的酸碱值是否正常，土壤是否缺少某种矿物质或者其他的东西。总之，只要是土壤需要的，我们都要给予。我们给土壤和树叶补充营养，尤其是有机肥料和矿物质。我们还会用含铜和石灰的硫酸盐土壤来避免锈病的出现。

然后，就是咖啡的烘焙工序了。在经过了密封工序后，我们发现了发酵的最佳方法。我们还在不断地试验。最终，在去年，我们在圣费丽莎庄园里创建了品尝实验室，而我也顺利通过了我的咖啡感官测试系统考试。这样，我就能按照我那些最严苛的顾客们的要求来学习品鉴咖啡了。现在，我们真正拥有了评价自己咖啡质量的自主权。咖啡烘焙是一条漫长的路……我们现在只走了一部分！

♦

咖啡树锈病

咖啡树锈病或者咖啡树叶锈病是一种能影响咖啡树的真菌感染疾病。这种疾病主要是由担子菌、驼孢锈菌和咖啡锈菌引起的，会蔓延至全世界的咖啡产区。这种病首先感染树叶，在湿润的气候和升高的气温中加剧恶化。这是咖啡树会遇到的严重的疾病之一。受其影响，咖啡的质量会大打折扣，给咖啡产地带来巨大的经济损失。现在，有1/3的生产国都在和锈病做斗争，且承受着20%以上的减产量。

咖啡交响曲

格洛丽亚·蒙特内格罗

咖啡紫红色的浆果
演奏出了一曲
钢琴和管弦的交响乐
那就是咖啡的收获

它那玉白的果肉
以及沙球般的声音
在黄麻布的乐器里
奏出一曲二重唱

打击声创造出
光芒、破裂和香气
咖啡豆则恢复了
如父般的种植者的颜色

向着透明的咖啡杯前进
去碰撞吧
黑色的咖啡终会变成琼浆玉露

可是
它那变成液体的命运确如昙花一现
因为咖啡的演奏会
在香气的轻音符里结束了

咖啡与人

　　阿拉比卡咖啡和人类从一开始就相依为命：咖啡树抓住了人类的手来找到它成为饮料的使命，而人类文明则随着煮好并一起分享的咖啡而发展起来。在这两个物种之间，只有两条染色体的差异，而且咖啡树的浆果也需要9个月的"孕育"才能成熟——这是一种巧合吗？

传说和现实

咖啡树和咖啡果的发现将向人类证明西方及阿拉伯文明赋予咖啡的未来。而在西方和阿拉伯文明中，我们不可避免地要加入非洲之角。

咖啡作为刺激物，总能为社交带来轻松感，因此经常有人将其和烟草联系起来。关于喝咖啡的起源及初次承认其功效的传说有着许多版本，下面就是最著名的几个版本。

人类发现咖啡：多亏了卡尔迪的山羊

在关于咖啡被发现的众多传说中，最有名的是卡尔迪和他的山羊的故事。故事讲述的是一位名叫卡尔迪的埃塞俄比亚牧羊人发现他的羊群（也可能是骆驼）在吃了一些小灌木的树枝后性情大变。卡尔迪非常吃惊地发现了自己的羊群处于一种反常的兴奋状态。于是他尝了尝那些甜甜的浆果，吃完后发现自己也变得兴奋了。因此，在当地，采摘这种浆果食用就成了一种习惯。这就是咖啡树这个具有非凡特性的小灌木被人类发现的由来。

在也门的版本里，卡尔迪则变成了附近修道院的修道士。那里的修道士们每年按时采摘这些小灌木的浆果，并开始了一种实验。他们把这些浆果烘干并浸泡，并把这种神秘的植物的刺激效果看作神迹。因此，这些修道士还鼓励当地的教区民众喝咖啡，来激发他们晚上祈祷时的热情和活力。

一场森林大火的馈赠

还有一个虽不真实却流传广泛的故事：有一天，卡法山区的一个森林着火了，火灾散发出来的气味没有毒性，却异常香甜。一个修道士摘下了从着火的灌木上掉落到灰烬里的果实，把这些种子磨成粉，制成了黑色的饮料。第一杯咖啡就这样经历"烘焙"、磨粉、浸泡而成功出现了。然而这种咖啡的烘焙方式并没有得到改进，只是采用了燃烧的方式，因此肯定和现在埃塞俄比亚烹制的香浓咖啡没有什么共同点。但是对咖啡豆的烹制还是让研磨方法成为可能，而且把粉末放入热水里冲泡的方法也在当时受到了前所未有的欢迎。

"在几百万年前的埃塞俄比亚——咖啡诞生之地，在八百年前的也门——咖啡树得以种植的地方，土地、咖啡树和咖啡都紧密联系在一起。"

这种天使般的饮料的益处

咖啡的神秘力量受到如此重视，以至于一些传说还把咖啡和一些《圣经》中的角色一起搬上了舞台。

示巴王国的女王，这位在《圣经·旧约》中被提及的女王，就是这些角色中的一个。这位无比美丽的女人会坐着一辆载有一千人的大篷车离开阿克苏姆，去与在耶路撒冷的所罗门相见。这次相见诞生了一个神秘的爱情故事，还有埃塞俄比亚王国的起源。传说，所罗门是第一个在他妻子给他介绍咖啡后将咖啡普及的人：在抵达一个居民受苦于一种怪病的城市时，他在天使加百列的指点下烤起了咖啡，并烹制出了一种饮料。他把这种饮料分发给了所有的病人，据说这种饮料把所有人都治愈了……

埃塞俄比亚的咖啡仪式

在埃塞俄比亚，当地人对咖啡有着世界上独一无二的崇拜之情。此外，这里还是唯一把原产地的名字保留进咖啡名字的地区。全世界最好的咖啡豆都要留给当地人享用。埃塞俄比亚人对他们这片富饶的土地深感自豪。

咖啡壶呀

把和平带给我们

我们求你，咖啡壶

让我们的孩子们长大

让我们的财富不断累积

请保护我们免受灾害

请给我们降下甘霖

让草原青青

茁壮生长

作为人类文明和咖啡的摇篮，埃塞俄比亚这个国家从未被殖民，而且曾在几次大战中战胜过好几个大国——16世纪的奥斯曼帝国，19世纪的埃及、大不列颠和意大利。埃塞俄比亚是非洲唯一将自己母语——阿姆哈拉语作为官方语言的国家。埃塞俄比亚人的地下教堂还被列入了人类遗产。他们认为自己无论是在身体上还是在文化上，都是非洲和欧洲之间的一种融合结果。他们保留了原创的、多元化的和精致的烹饪传统。他们对节奏的感觉是一个真正的奇观——肩膀、臀部、眼神乃至整个身体都能和音乐同步，直到达到神迷状态。

"人类祖母"露西和示巴女王是这个国家的传奇女性代

表。这个国家有很多传奇的女性，不论她们杰出与否，都征服着来自全世界的男人的心。埃塞俄比亚围绕咖啡形成了丰富的传统，这些传统将精神和日常生活融合起来。

近几个世纪以来，埃塞俄比亚的咖啡饮用逐渐变得世俗化，也形成了相应的仪式活动。

或许有人认为这个仪式是先祖传下来的，毕竟我们最先在埃塞俄比亚发现咖啡的痕迹。事实上，这个传统才形成不久，因为直到19世纪初，埃塞俄比亚人才开始以一种普遍的方式饮用咖啡。

据说游牧民族奥罗莫人最先发现红色浆果的功效。那些沿着土路生长的咖啡树，来自奥罗莫人扔掉的果肉被吸完的种子。据说，哈拉尔这座坚固的城市里的人民只能靠着喝咖啡生活：哈拉尔家族是一个负责种植咖啡的家族，他们在那里受到保护，但家庭成员们却无权离开这座城市，当权者害怕他们的专

业知识会传播出去或者丢失。

现如今，这个国家的每家每户都可以参加每天3次的神圣的咖啡仪式。"3"这个数字，有着神秘的意义，而3次也并非无足轻重：我们在每个仪式中都能找到这个数字。每个仪式平均持续1个小时。我们首先要装饰，地上点缀着与河水有关的花草；然后还要烧香；准备一盆煤火，以及所有需要的咖啡煮制、装饰和品尝的器具：托盘、小的宽口无柄杯子、黏土咖啡壶、研钵、杵、锅以及铁铲。

客人坐好后，女主人就把这些金色的咖啡豆洗净，然后把它们放在一个锅里，一边烘干一边用锅铲翻炒。从咖啡豆上出现第一个裂缝开始，周围的人便能闻到烘焙的香气。然后，女主人用研钵研磨烤好的咖啡豆。与此同时，黏土咖啡壶开始烧起水来。这款长颈的黏土咖啡壶有一个非常精细的壶嘴，是现在最值得购买的水壶。水开了（别忘了，在埃塞

俄比亚的高原地区，由于海拔高，水在90℃就沸腾了），女主人会把研磨得相当粗糙的咖啡豆倒入咖啡壶，让它们浸泡一会儿。浸泡好的咖啡随后就被倒进了小杯子里。

女主人还会在咖啡中加入盐或黄油，以及一些香料（丁香、肉桂、姜或豆蔻）。女主人还会给客人一些食物，如烤大麦、传统的埃塞俄比亚面包、花生或爆米花等。之后冲泡咖啡粉，就像日本茶的仪式一样，倒3次水，每一次都会稀释一下。这是一种用咖啡祝福客人的方式，也是一种延长欢乐时光的方式。我们利用这段时光，聊聊最新的八卦，巩固一下双方的关系，或者组织一场婚礼。

与此同时，炉子里散发出炭火的香气，和咖啡的香气融合在一起，飘散出来，让整个房间都香气满盈，一直能持续到下一次仪式开始……

1 烘焙咖啡豆的平底锅
2 香草
3 咖啡壶
4 咖啡杯
5 托盘
6 乳香
7 研钵
8 杵
9 喝咖啡时吃的零食

也门人

对默克塔尔·阿尔坎沙利的访谈

生平

默克塔尔·阿尔坎沙利在旧金山和也门长大。由于是世界上第一批咖啡种植园主的子孙，默克塔尔是也门的第一个咖啡品鉴师。

克里斯蒂娜·希鲁兹：

为什么你要去也门呢？

默克塔尔·阿尔坎沙利：

我是听着祖父母讲述的关于摩卡旧港口的故事长大的，还特意从图书馆翻阅了关于这些故事的资料。我了解到，也门是世界上第一个种植咖啡的国家（尽管埃塞俄比亚人不这么认为），也是世界上第一个售卖咖啡，把咖啡介绍给全世界的国家。

在18、19世纪，欧洲的咖啡馆在咖啡里加入了来自别国的可可，以模仿也门的咖啡，摩卡咖啡就此诞生。后来，也门咖啡的产量大大降低。我很想了解衰落的原因，也想看看自己能否让全世界再一次爱上也门的咖啡。

克里斯蒂娜·希鲁兹：

那你在也门有什么收获吗？

默克塔尔·阿尔坎沙利：

在那里，我参观了32个不同的咖啡区。有些是以集体方式生产咖啡的社区；有些是海拔2500米的，只能靠步行或骑着驴才能到达的地区。我和他们一起住在那个基础设施很糟糕的地方，那里的人慷慨友善得令人难以置信。同时，我还做了关于海拔、咖啡品种、收获方法等方面的笔记。也就是在那个时候，我发现了很多他们犯的错误，尤其是在生咖啡收获方面，例如，干燥技术不好；此外，他们还混淆了产区和年份。听他们讲述故事，我也学到了很多东西，我们建立起了信任关系，使留在那里的那段时间有了真正的价值。

我将我研究过的21个样本带回了旧金山，然后又回到也门开始进行改进。

咖啡果变成饮料

人类在长达几个世纪的时间里并不喝咖啡，而是咀嚼。那个时候，人们对咖啡的认识仅局限在咖啡树叶、咖啡果和咖啡豆上。

幸福的阿拉伯

这些绿色的种子，配上面粉、水和黄油，被压碎，做成了面包球，然后把这个面包球放入锅里炸。这就是奥罗莫人——埃塞俄比亚的卡法地区的游牧民族——食用咖啡的方式。这种方式使得他们在长时间的礼拜期间或者在战斗中保持清醒。正因为如此，对于埃塞俄比亚人来说，每天喝咖啡就跟每天吃面包一样正常。

人们像喝茶一样用叶子泡出汁液，然后将没有烘焙过的咖啡豆放在汤中煎煮来获得祛湿的功效——这一功效是否起作用还在研究中。近几年来，在最时尚的咖啡馆里，我们一直以"Cascara（咖啡果皮茶）"这个名字认识、了解的饮料其实和14世纪在萨那生产的那种饮料差别很大，和我们那时

称为"苏丹咖啡"的饮料也有极大的差别。这种饮料要经过轻微的"烘焙"，并点缀上香料后才进行煮制。和果实一样，咖啡叶中也含有咖啡因，因此咖啡叶曾被僧人用来缓解疲劳。卡尔迪的传说让我们明白，咖啡树只会在野生环境里生长，而那个时候，咖啡还是未知的，直到稍晚些时候，经过烘焙、研磨、混合、制出饮料后，咖啡才为世人所知晓。

事实上，消息来源似乎证明了：多亏了也门人，咖啡才得以传播。咖啡被商业化，也是首先出现在当地的市场，然后通过从摩卡港出发的船只被远销到奥斯曼帝国。

在也门，出现了世界上第一个咖啡种植园，也门人还掌握了烘焙咖啡的技巧。对于埃塞俄

比亚人来说，咖啡具有让人开心的功效；而对也门的阿拉伯人来说，咖啡则是他们眼中的金矿。

奥斯曼帝国

在16世纪初，也门在君士坦丁堡的庇护下，开始和邻国进行贸易往来。虽然信教之人几十年前就开始饮用咖啡了，但直到16世纪，咖啡才在麦加、开罗、大马士革以及如今的伊拉克、伊朗等国的城市里流行起来。1606年，英国商人约翰·茹尔丹说，在摩卡港停留期间，他看到了大约35只来自世界各国的商船停泊在港口，等待着装满咖啡的袋子被装上船。

摩卡峡谷 ▶
佚名，荷兰，1734年

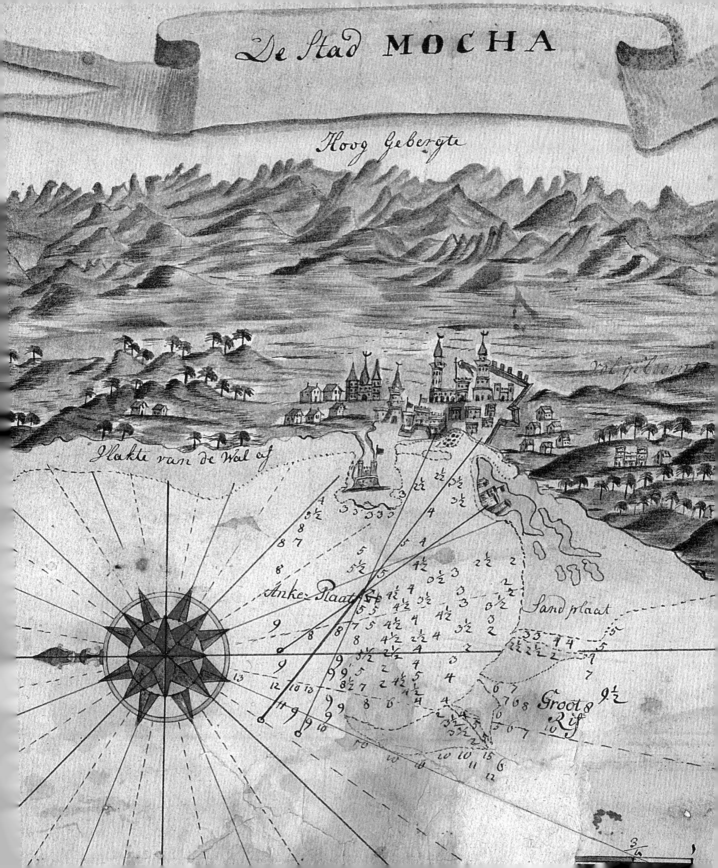

De Stad MOCHA

Hoog Gebergte

Vlakte van de Wal af

Anker Plaat

Sand plaat

Groot
Rif

出口前，生咖啡豆要过一遍沸水以确保不会生芽。这也是也门人发现的一种能保证自己市场垄断地位的方法。围绕着这个"黑金"而生出的政治手段和欲望就这样出现了，而且几个世纪以来，这种欲望只增不减。

随后，咖啡开始慢慢在公共饭桌上娱悦众人。1550年左右，叙利亚的两兄弟在君士坦丁堡开了第一家咖啡馆。这时的咖啡要经过煮沸、加盐（有时则会加香料）后才能被饮用。每种文化都有独特的喝咖啡的方式。正如法国旅行家、记者让·德·拉洛克所讲述的那样，在君士坦丁堡，"挨家挨户，不管你是贫穷还是富有，不管你是土耳其人还是希腊人，不管你是亚美尼亚人还是犹太人，几乎每小时都要喝咖啡，不向游客提供咖啡或者拒绝喝咖啡都将被视为不文明的表现"（让·德·拉洛克，《幸福的阿拉伯之旅》，1716年，第354页）。咖啡已成为有礼、好客的一种象征。不仅仅是在公共机构里，在家庭中亦是如此。首批

咖啡馆很快就成了辩论、创作、交流传播思想的地方。咖啡馆和咖啡变得不可分割，因为这种神奇的饮料既是祈祷时人们意识的支撑，也是雄辩的触发器、思维的推进者、思想的加速器。可以说，咖啡作为消费品和精神药物的历史是随着领导者思想的开放而变化的，这种关联一直延续到今天。

咖啡馆与小酒馆相比，还存在着很不一样的优势：有一个部长私下去了几家大的咖啡馆，在那里，他听到一些人认真地谈论国家事务，指责他的做法，还对重大的事务给出了自己的意见。然而当这个部长到德黑兰的时候，他见到的却是酒馆里正在唱歌以及谈论自己的爱情或赫赫战功的人。因此，这位部长决定关闭公共咖啡馆……可惜没成功。

大门——当时人们对土耳其的称呼——是所有交流的十字路口，也是所有来自黎凡特和西方的商人们、冒险家和航海家们踏上丝绸之路的必经之路。从中世纪开始，许多欧洲人对咖啡已经

历史记载的咖啡烘焙和烹煮

起初，在阿比西尼亚和幸福的阿拉伯，人们对咖啡豆进行烘焙，只需要把咖啡豆放在一块在木炭上加热过的平板上，然后用石臼对咖啡豆进行研磨，最后再把磨好的咖啡粉放入沸水中进行煎煮就可以了……但是别忘了，在这些咖啡原产地，因为高海拔，不到100℃（接近90℃）水就会沸腾。因此，最早的咖啡烹煮方式，是极其尊重咖啡这种物质的特性的。正如我们在前面所看到的，埃塞俄比亚人和也门人对咖啡树以及咖啡这种饮品极其崇拜。现在，在埃塞俄比亚，当地的手工烘焙咖啡礼仪依然与众不同——在带孔的炉子里或者在用木炭烤热过的金属板上进行。

▼ 蓝瓶子咖啡馆

维也纳咖啡馆图景，佚名，1900年

不陌生了，我们甚至还能找到一些关于这种奇怪的、黑色的、醇厚的饮料的文字记载。最早的一些咖啡爱好者把咖啡进行烘焙，并雇用一些街头小贩来叫卖。在马赛、威尼斯和伦敦，人们也渐渐发现了这种饮料，尽管当时的人们对这种饮料仍然保持警惕。

欧洲第一批咖啡馆

咖啡在一个非常特殊的背景下来到欧洲。那时的欧洲王室正处于巅峰，太阳王路易十四是当时法国的君主，哈布斯堡家族是奥匈帝国的主人，西班牙国王和他们建立的帝国也处于全面扩张中，葡萄牙已然成为航海大国——其征服的足迹从远东直达罗马、梵蒂冈，佛罗伦萨成为美第奇家族的宝石……

与此同时，来自三个大洲的三种饮料在王宫里相遇并开始了竞争：有来自亚洲的茶，其治疗效果被马可·波罗大肆吹嘘；有来自"西印度群岛"（现如今的中美洲）的可可，其令人难以忘怀的味道激发着想象力；还有就是来自非洲的咖啡，一种神奇而神秘的饮料。尽管这三种饮料竞争激烈，但咖啡还是长久地征服着欧洲各国的首都。此外，咖啡在维也纳的胜利是最令人难以置信的轶事。

维也纳和奥匈帝国

弗兰茨·乔治·库齐基是一个有着旺盛生命力的人。乌克兰人或波兰人会多种语言，他们有时是商人，有时是冒险家，有时是军人，有时是间谍，他们在维也纳和奥匈帝国，甚至是欧洲王室的历史中都起着关键作用（请不要低估他们）。

1683年，奥匈帝国首都受到前所未有的威胁：土耳其大军围攻着这座城市，饿殍遍野。库齐基被派去当间谍。他伪装得很好，并设法渗透进了土耳其军队。他非常了解土耳其军队的战

▼ 在巴黎的一间咖啡馆里，人们正在讨论战事

弗雷德·巴尔纳尔，伦敦《新闻报》，1870年9月

术，并想办法挫败了他们，这是苏丹的战士们几十年来第一次被打败。

土耳其人在夜间就撤离了，还放弃了他们身后的所有货物，包括500袋生咖啡豆，这些豆子一开始被维也纳人当作骆驼的食物。库齐基请求国王奖励他的忠诚，把这几袋豆子送给他，还要了城里一座建筑物的使用权。因为他知道，君士坦丁堡的人习惯在咖啡馆里喝咖啡，于是他决定自己烘焙咖啡并用土耳其人的方式来烹煮咖啡。他把他的店铺命名为"Zur Blauen Flasche"，也就是蓝瓶子的意思。但是他的维也纳客人们很不情愿，这种浓稠的、黑乎乎的饮料对他们来说不仅很苦，也不优雅，还会让他们想起给他们带来巨大痛苦的土耳其文化。仅几个月后，这家店铺就处于破产的边缘。库齐基决定改变策略。通过举办一些古典音乐会和赠送报纸，这个精明的男人营造了一种全新的氛围，他还在咖啡里点缀上了奶油和蜂蜜，让服务员附带一个玻璃杯呈上。他还首次对咖啡进行了过滤，避免了杯子底部出现沉积物。在他的店里，库齐基还提供甜点，为了完全消除人们对他的生意的偏见，他甚至还要求他的糕点大厨做了一种糕点——于是，月牙状的羊角面包诞生了。

蓝瓶子咖啡馆很快就成了参考标准，由此，维也纳的咖啡馆如雨后春笋般蔓延开来，以至于几个世纪后，这些咖啡馆均被联合国教科文组织纳入世界非物质文化遗产。

巴黎和法国

在巴黎，咖啡和咖啡馆的出现还逐渐被加上了外交标志。

这种已经在威尼斯闻名，在维也纳还不怎么有名的东方饮料，在太阳王路易十四的宫廷里依然不太有名。但是1669年苏里曼·阿加（奥斯曼土耳其帝国驻法国大使）的到来给它带来了永恒的改变。这位使者给所有的法国贵族留下了深刻的印象。只用了很短的时间，他就吸引着整个巴黎的上流社会。在所有这些令人着迷的故事中，最令王公贵族们心动的是发现了土耳其咖啡。

实际上，苏里曼·阿加并无心在法国传播咖啡，他的使命是说服法国国王和奥斯曼帝国结盟，来抵御他们共同的敌人——奥匈帝国。受好奇心或者嫉妒心的驱使，路易十四决定全力接待这位优雅的使者。尽管苏里曼·阿加的任务失败了，法国并没有妥协，但路易十四却从他那金色的宝座上走下来，端走了咖啡杯。

作为绝对的权力拥有者，路易十四在他的宫廷里掀起了这种时尚。他还建议他的士兵们每天喝定量的咖啡，它比葡萄酒更有提神功效！但是，凡尔赛宫的中央集权并没有蔓延到整个法国。一部分法国人比别人更早接触到咖啡，因为咖啡最早是在马赛的码头出现的，随之而来的是一部分来自东方的商人们，他们向当地人介绍咖啡的饮用方法。很快，马赛的街头先于巴黎弥漫起了咖啡的香味。

早在17世纪70年代，一些亚美尼亚人就在巴黎开起了咖啡馆。那些卖柠檬水的流动小贩穿梭在大街小巷，叫卖着这种黑乎乎的、有着异国风情的饮料。咖啡的名称和名声自凡尔赛迅速传开，逐渐变成了一种全民饮料。

咖啡真正在民间流行起来（更确切地说，是真正征服资产阶级），要追溯到那一天的那个地方。那是1684年，在普罗可布咖啡馆里。这是一个由意大利人普罗柯皮奥·德·科尔特利在奥登区开设的咖啡馆。人们现在依然可以参观这个咖啡馆，尽管该咖啡馆已经被其他咖啡馆远远甩在了身后。在17世纪末和18世纪初，哲学家们和大文豪们都喜欢把会面地点定在这个奢华的咖啡馆里：里面装饰有挂毯、水晶大吊灯、精致的镜子、大理石桌子……有一点凡尔赛宫的华丽风范，让到来的顾客欲罢不能。接着就由咖啡来发挥作用了：有些人是来咖啡馆写作的，他们或高声诵读，或让思辨的理性在这里爆发，或让新的思想在这里萌芽。普罗柯皮奥雇他自己的孩子们来这里当服务员——这就是"男

服务员"这个词的来源。当时用这个词,就是为了称呼这个咖啡馆里的服务员。后来,这个词的意义扩展成为现在普遍使用的"咖啡馆服务员"。

没有人会把咖啡的出现归功于改革和革命,它是文化、社会、政治三者结合的产物。

Aficionado,这是路易十五在凡尔赛的公寓里为自己开的小咖啡馆的名字。

在短短几年间,咖啡馆在巴黎遍地开花,然后蔓延至里昂、图卢兹、波尔多……法国大革命前夕,开设在巴黎的咖啡馆已经超过了2000家。在巴黎成为光之城之前,它还是座理性之城。

意大利王朝

威尼斯很快就成了欧洲咖啡贸易的中心。威尼斯的商人们从17世纪开始就把咖啡引进了欧洲。最初,咖啡被当作药物——咖啡具有助消化的功效。之后,咖啡因其独特的味道迅速得到了广泛认可。就这样,咖啡俘获了这个水上之城的心,街头穿梭的小

商贩们开始叫卖咖啡，咖啡从底层开始征服全城。在文艺复兴时期，从罗马到那不勒斯，从威尼斯到佛罗伦萨，意大利人是欧洲第一批醉心于咖啡的人，但直到1683年才出现了第一批真正意义上的咖啡馆，其中最有名的当属1720年在威尼斯开业的弗洛里安咖啡馆。

伦敦和大不列颠帝国

1676年，查理二世宣布，喝咖啡是大不敬之罪。不过这并没有持续很久，很快咖啡爱好者们赢得了人民的心，咖啡也成了英国人的精神支柱。1700年，英国已经开设了2000家咖啡馆。1686年，诞生了一个现今闻名世界的咖啡馆——劳埃德咖啡馆。这所咖啡馆由爱德华·劳埃德创立，其客户主要由海员、商人和船主等组成。在贸易交易精神的促进下，海上贸易商行的成员们在这里相聚，讨论着发货条件和保险事宜。慢慢地，这家咖啡馆成为世界上第一家保险公司！劳埃德银行取代了劳埃德咖啡馆。这个

情况同样发生在位于交易大街的乔纳森咖啡馆，它是伦敦证券交易所的祖先，伦敦证券交易所现在还会为罗布斯塔咖啡的交易定价！同样，咖啡馆越来越多的牛津成立了欧洲最古老的大学，也是在那里，诞生了"便士大学"的概念：在俱乐部和希腊学院内，顾客们只需要交一点微薄的入场费（1便士），就有权参加讲座，进行辩论。咖啡馆成了一片我们从来没有见过的"肥沃的社会土壤"。

欧洲漫步 ▶

尤利西斯·罗密欧，2017年

咖啡与咖啡因

咖啡因是一种奇妙的物质。这种物质如果摄入太多就会致命，然而我们人类的进化和变革都受咖啡因的影响。咖啡因这种成分赋予了咖啡一种使人类在研究时保持清醒、增强记忆力、获得灵感、变得健谈的能力。

咖啡因

咖啡因于1819年最先被德国化学家费里德里希·费赫迪南·伦格发现。咖啡因是一种可以溶于水的、以白色晶体形式存在的生物碱。

咖啡因的生物学、植物学和味觉数据

咖啡因的化学分子式是$C_8H_{10}N_4O_2$。和其他生物碱一样，咖啡因是一种从植物中提取出来的物质，具有显著的物理特性：有毒，具有疗效，和尼古丁、吗啡、可卡因甚至是奎宁相似。咖啡因存在于咖啡、茶、马黛茶和巴西可可里，有时还被称为"茶碱"，能通过化学方法合成，碳酸饮料中有时也含有些许咖啡因。对于哺乳动物，咖啡因就像是精神药物；而对于植物来说，咖啡因则起着保护作用——咖啡因是一种天然的杀虫剂，吃到咖啡因的昆虫要么瘫痪要么死亡（蜜蜂除外，因为蜜蜂酷爱咖啡因，吃了咖啡因只会变得更有活力）。

实际上，整棵咖啡树上都含有咖啡因，从根部到叶子再到果实，尤其是咖啡树在成长阶段，还没有完全建立起其自由的防御机制时。此外，咖啡树根部周围的土壤里也能检测出咖啡因。咖啡因就像是咖啡树嫩芽的吸入器，借助根部呼吸的功能，通过减少竞争来提高其存活率。

然而，不同咖啡树的咖啡因含量有所差异：阿拉比卡咖啡树平均每棵含咖啡因1.2%，而罗布斯塔咖啡树在自然状态下咖啡因含量则能达到2.2%。对于同一种咖啡的不同变体来说，咖啡因的含量也不一样。在17世纪，阿拉比卡咖啡只有几个变种，而罗布斯塔咖啡尚未被发现，也还未被开发。所以路易十四喝的大概率是瑰夏这种咖啡因含量非常低的咖啡。

烹煮咖啡的方式不同，其使人兴奋的程度也不同：土耳其咖

马克的面具 ▶

克雷蒙特·哈儿本

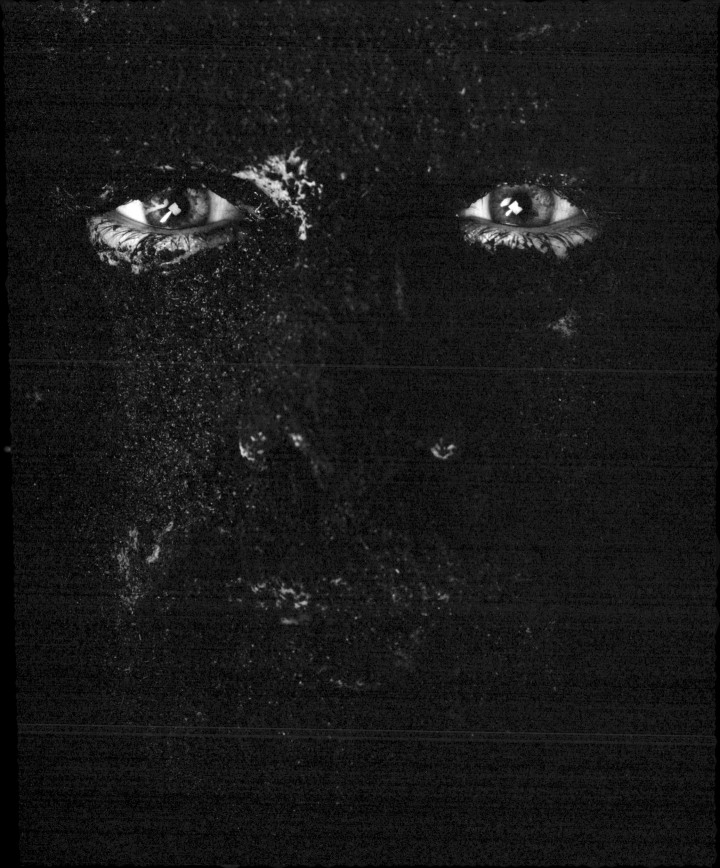

克雷蒙特·哈儿本

啡煮沸后杯底会留有沉淀物，其咖啡因含量是我们现在喝的浓缩咖啡的4倍。由于咖啡因遇水会溶解，所以咖啡泡制得越久，其使人兴奋的功效就会越明显！意式力士烈特咖啡味道很浓，但是和用活塞式咖啡壶烹煮出来的咖啡相比，其咖啡因含量则要少得多。力士烈特咖啡只需要烹煮15秒，而活塞式咖啡壶烹煮则需要3分钟甚至更久。如果你让煮好的咖啡在咖啡机里"休息"一会儿，几分钟之后，你的咖啡就会让你精神倍增。当然，心脏敏感者要小心。

咖啡因对人的身心影响

很显然，咖啡具有的功效都是 $C_8H_{10}N_4O_2$ 这个分子式所赋予的。溶解在咖啡里的咖啡因能在人体内分解，根据个人体质的不同，需要20~120分钟咖啡因才会产生作用。咖啡因可以影响人身体机能的整个系统：神经系统、心血管系统、呼吸系统、淋巴系统等。因为咖啡因和人体组织里的物质具有相似的属性，所以其

功效持续时间短，有时几乎感觉不到。每个人对咖啡因的反应也不一样，要根据年龄、身体状况甚至个人习惯而定。和成年人相比，孕妇体内的咖啡因留存的时间要更久，而经常抽烟的人体内的咖啡因却会很快被消化。

咖啡因的提神功效是广受咖啡爱好者们推崇的。最快只需20多分钟，一杯咖啡就可以帮助人抵抗困意，这也正是咖啡能成为卡车司机的天然伴侣，新闻记者、面包师、建筑师和学生们的好朋友的原因！此外，咖啡因还有多种功效（不管是否受到好评）。它能促进消化，提升血压，把咖啡因混到止痛药里能缓解偏头痛；药学实验室还发明了他们专属的、能够把两种物质结合在一起的鸡尾酒；它还对心血管系统起作用，是某些治疗新生儿呼吸暂停的药物的主要活力因子。

女性经常把咖啡因视为一种护肤品。和所有的甲基黄嘌呤（生物碱的一种）一样，咖啡因能对抗令人讨厌的橘皮组织，对

哺乳动物有很多有益的功效。巴西圣保罗大学的研究人员在2005年进行的研究表明，在哺乳动物的食物中加入少许咖啡因，可以提高其精子的活力。

与此同时，咖啡还能使人注意力集中，提高短期和长期记忆力。一些研究表明，每天喝3~5杯咖啡有助于抵抗阿尔茨海默病和智力减退，对女性尤其有效。每天饮用咖啡还能降低患主动脉瓣钙化和某些癌症的风险，甚至还能使患帕金森综合征的风险降低25%。加拿大萨斯喀彻温大学的研究者发现，通过阻止一些衰败的蛋白质去损害某些大脑细胞，咖啡因能够阻止帕金森综合征的出现。由于能够对某些神经冲动起作用，咖啡因还能减轻某些帕金森综合征的症状，比如手抖。

咖啡还能产生其他作用，比如保持清醒、提高反应速度。每天喝咖啡可以预防抑郁症！美国《护理与健康》进行的一项研究认为，每天喝3~5杯咖啡能使抑郁症发生的概率降低20%。

一杯咖啡里
咖啡因的含量
取决于多种因素。

1

咖啡品种

是阿拉比卡咖啡还是罗布斯塔
咖啡。

2

变种

每个变种都拥有一个和历史相
关的名字。

3

烹煮方式

活塞式咖啡壶、虹吸咖啡壶、
意式咖啡壶等。

当然，咖啡因也能带来一些副作用：摄入一定量（因人而异，每次摄入500~800毫克）的咖啡因会增加人的焦虑，让人容易生气、失眠，甚至还会引起心跳加速、手抖的症状。咖啡因摄入过多还会致死：一次摄入10克（大约100杯咖啡）对一个成年人来说就足以致命了（就算是每天要喝50~60杯咖啡的巴尔扎克和伏尔泰，也远远达不到这个量），而对于一个8岁的儿童来说，摄入3.5克的咖啡因就足以致命了。

咖啡有益健康，但是必须适量。如果能采用正确的烘焙和烹煮方式，那么咖啡就是你天然的盟友。因此，每天最多喝5杯咖啡，无论是从短期还是从长远来看都对人体有益。

咖啡会让人产生依赖吗？当然！在美国，90%的人（包括儿童）都会以不同的形式来饮用咖啡。如果你已经习惯了每天喝咖啡，那么突然有一天，让你完全不喝咖啡也是一件难事。你会变得瞌睡连天，很难集中注意力，甚至还会出现头痛的症状。但是，这种"断奶期"持续不了多久，几天后，这些后遗症就会慢慢减弱。如果你想减少你每天摄入的咖啡因的量，但依然想一直喝咖啡的话，可以喝阿拉比卡咖啡豆烹煮出来的力士烈特咖啡，甚至还可以选择咖啡因含量更低一些的咖啡品种。不管怎么说，如果你有些焦虑或者心跳加速，而且又怪罪于咖啡的话，那么就没有必要喝咖啡了！

咖啡因有味道吗？

咖啡因没有气味，但是尝起来有明显的苦味。罗布斯塔咖啡的味道如此特别，有一部分原因是这种咖啡的咖啡因含量比较高。

烘焙会降低咖啡因含量吗？

烘焙咖啡豆并不会影响咖啡豆里咖啡因的含量。诚然，生咖啡豆和熟咖啡豆相比，其咖啡因含量更高一些，但是只要咖啡经过烹煮后入杯了，咖啡因含量就不会有什么大的差别。烘焙时带出的苦味并不是咖啡因引起的，而是因为糖分碳化了。

品种		咖啡因含量（%）	
		咖啡叶	咖啡豆
阿拉比卡咖啡	新世界	0.98	1.11
	铁比卡	0.88	1.05
	Catuai	0.93	1.34
	Laurina	0.72	0.62
罗布斯塔咖啡	罗布斯塔	0.46	>4
	Conillon	0.95	2.36
	Laurenti	1.17	2.45

"对于诗人来说，咖啡是最珍贵的饮品，

维吉尔想念它，伏尔泰崇拜它。

就是你，咖啡，你那讨喜的汁液，

不用改变人的思想，就能让人心花怒放。

就在我的宫殿随着岁月逐渐衰败之时，

我还是会高兴地品尝一下你的美味。

我是多么喜爱这烹煮而成的珍贵的琼浆玉露呀！"

——节选自诗歌《自然的三大王国》（1808年）

咖啡馆与缪斯

在18世纪，咖啡馆如雨后春笋般蓬勃发展起来，以至于那些保守派都纷纷前去咖啡馆了解这种"社会政治威胁品"。在咖啡馆里，过去那些被征服的人开始反抗。现在，咖啡馆依然是很多艺术家进行创作的核心场所。

咖啡馆是作家写作、画家画画、音乐家演奏音乐、舞蹈家跳舞的地方！这是一个穿越时空的平行世界，是创作时刻发生的生活之地，是灵感迸发、熠熠生辉的地方。从夜晚开始，从不朽的时光开始，咖啡馆一直都是一座城市、一座村庄、一座小区的艺术家展示自己、进行反抗的舞台。孟德斯鸠、塞尚、贝多芬，均是如此。多亏了咖啡馆，我们才创作出了小说，有了新发明，有了艺术品，有了诗歌，甚至是爱情告白……咖啡能够时刻激励他们，无论是得意还是失意都陪伴其左右。那么，到底有多少艺术家曾经表达过自己对这种饮料的激情火焰呢？

我们的咖啡馆很有可能成为巴黎的艺术家们最大的聚集地。巴黎

是一座国际艺术之城，40年来一直接待着来自五湖四海的、各个领域的艺术家们。身处这样奇妙的环境里，我感觉自己就处在咖啡馆的中心位置，而咖啡馆又是艺术创作的核心。从2005年开始，我们已经举办了60多场和咖啡相关的展览。我们挑中的、用来展示咖啡

这个工艺品的作品陈述了一个显而易见的事实：咖啡不仅仅是一种饮料，它更是缪斯！

咖啡遗产

　　咖啡，和它那些形形色色的"门徒"一样，有着多种多样的文化习俗。几个世纪以来，从越南到哥伦比亚，从土耳其到奥地利，从古巴到沙特阿拉伯，咖啡一直都是这些地区人民的日常生活的重要部分，以至于人们对以怪诞的形式出现的咖啡已经见怪不怪了。

　　有一千种烘焙咖啡的方法，就有一千种煮制咖啡的方法。"每天喝几十亿杯咖啡就是全世界喝咖啡的人对这种饮料、药物、交流工具表示崇拜的仪式。"

　　在这些传统中，有些传统已被列入了人类文化遗产：土耳其咖啡传统、维也纳咖啡传统、作为慷慨标志的阿拉伯咖啡传统，这三种咖啡传统都被列入了联合国非物质文化遗产。而其他的咖啡传统则和咖啡农业联系了起来。如在古巴东南部的世界上首批咖啡种植园里的考古景观；又如蓝山咖啡，其名字就来源于牙买加的蓝山，联合国教科文组织也把蓝山列入了文化和自然遗产。咖啡还被用在了一些民族习俗中：在维也纳皇宫，每年都会举办一场由咖啡师协会组织的咖啡师舞会。这个舞会让咖啡与奢华享乐共同演奏出韵律十足的诗篇。

聚焦于咖啡师舞会

　　约翰·巴普蒂斯特·施特劳斯（也叫小约翰·施特劳斯）创作的圆舞曲在维也纳的皇宫里不断响起，营造出醉人的浪漫气氛。这首曲子迅速把这些庆祝自己连续参加了60届舞会的咖啡师们拉入了旋涡。这个音乐和咖啡融为一体的，有约6000人盛装参加的咖啡师舞会，是维也纳嘉年华中最负盛名的舞会。

　　奥地利首都从18世纪开始就在谱写音乐史。在维也纳交响乐团的固定驻地——维也纳金色大厅漫步，在中央咖啡馆、萨赫咖啡馆或者底格拉斯咖啡馆的桌前静坐，都能让我们仿佛沉浸在18世纪里。在咖啡馆里，著名的音乐大师们的曲子不断回响——这是施特劳斯父子的时代，或者舒曼、巴赫、莫扎特的时代。这些大师们在咖啡馆里品尝一杯精致的咖啡，在咖啡因的催化作用下，创作出举世无双的曲子。

"在咖啡馆里，著名的音乐大师们的曲子不断回响——这是施特劳斯父子的时代，或者舒曼、巴赫、莫扎特的时代。这些大师们在咖啡馆里品尝一杯精致的咖啡，在咖啡因的催化作用下，创作出举世无双的曲子。"

咖啡康塔塔

约翰·塞巴斯蒂安·巴赫

宣叙调（男高音）

通奏低音

旁白：

安静些，别喧哗，

听听将要上演的一幕：

施伦德兰先生走了上来，

还有他的女儿丽茜。

他嘟嘟囔囔像只大笨熊，

让我们听听她怎样对付他。

咏叹调（男低音）

通奏低音

施伦德兰：

难道我们不总是悲哀地看到

儿女身上成百上千的毛病？

我总对我的女儿丽茜说，

你的那些祈祷

一点也没起什么作用。

宣叙调（男低音，女高音）

通奏低音

施伦德兰：

你这淘气的孩子、放肆的姑娘啊！

唉！要怎样才能让你

就算为了我，把咖啡戒掉？

丽茜：

父亲大人，请别对我如此严厉，

如果我不能每天满上我小小的

咖啡杯

美美地喝上三次，

那我会像被炙烤的羔羊般

失去活力。

咏叹调（女低音）

丽茜：

噢！多么甜美的咖啡啊！

比一千个情人的吻还甜蜜，

比麝香葡萄酒更醉人，

咖啡啊咖啡，我一定要喝。

如果有人要款待我，

就请满上我的咖啡杯！

宣叙调（男低音，女高音）

通奏低音

施伦德兰：

如果你不能为我把咖啡戒掉，

你就不能再参加婚礼盛宴，

也不能再出去瞎溜达。

丽茜：

好吧！但别让我戒咖啡。

施伦德兰：

看我抓住了她的小辫子！

那么也不允许你穿那些新潮的

鲸骨束胸衣。

丽茜：

这也可以忍受。

施伦德兰：

你再不能老故意在窗口徘徊，

让别人瞧见你的举动。

丽茜：

这也行；可怜我吧，

让我保留喝咖啡的自由。

施伦德兰：

你再也别想在我这里拿到一个子儿，

去买你的小圆帽。

丽茜：

好，好！只要能让我喝咖啡！

施伦德兰：

你这淘气的姑娘啊！

你真的能一切都听我的吗?

咏叹调（男低音）

通奏低音

施伦德兰:

姑娘们总是铁石心肠,

不容易被管教,

但只要你能抓住她们的弱点,

你就能大获全胜。

宣叙调（男低音，女高音）

通奏低音

施伦德兰:

现在,听从你父亲的劝导。

丽茜:

什么都行,除了咖啡。

施伦德兰:

继续,那么告诉我,

如果你失去得到一个丈夫的机会,

你会后悔吗?

丽茜:

啊,当然会!

亲爱的父亲,求求你,别这样!

施伦德兰:

我发誓,你永远也别想得到他!

丽茜:

直到我不再喝咖啡?

好吧! 永别了,咖啡!

亲爱的父亲,真的,我再也不沾

一滴咖啡。

施伦德兰:

那么作为回报,你很快就会有

一个丈夫。

咏叹调（女高音）

小提琴、中提琴、羽管键琴通奏

低音

丽茜:

今天还不行。

亲爱的父亲,快去找吧!

找一个男人,

一个真正让我称心如意的丈夫。

如果你不快点

找一个丈夫代替我的咖啡,

那么我只能上床睡觉,

在梦里找一个如意郎君。

宣叙调（男高音）

通奏低音

旁白:

老施伦德兰急急忙忙地走了,

去看看怎样才能找到一个

让女儿满意的男人。

可丽茜却暗暗下了决心,

除非这个男人答应她

并把这一条写入婚书:

"让你随心所欲地喝咖啡",

否则她是绝对不会

让他把她娶进门的。

合唱

猫从不放弃老鼠美食,

女孩也成了咖啡捍卫者,

母亲们喝咖啡,

祖母们喝咖啡,

那么为什么要责备女儿们喝咖啡?

(注:本曲第一场演奏在1734年或
1735年,地点为德国莱比锡的齐
默尔曼咖啡厅。)

黑色黄金

在成为世界上主要饮料之一的同时，咖啡还带来了各种便利。如今，每天有数千人一边喝咖啡，一边进行外汇交换。咖啡带来巨大的利润，它与石油都是碳氢化合物，因此均被誉为"黑色黄金"。

咖啡树的黑暗时代

从也门到巴西，从刚果到越南，如今咖啡树几乎在全世界的热带地区都有种植。虽然西非地区的气候条件不适合阿拉比卡咖啡树生长，但罗布斯塔咖啡树拯救了西非地区的"荒凉"。

20世纪下半叶，咖啡超过了谷物，成为世界上第一大农产品交易物。纽约、伦敦都设有交易所，美国、荷兰和瑞士的一些公司则控制着几乎整个咖啡市场。咖啡已经和其他商品一样成了一种标准化产品，是一种对很多家庭来说都至关重要的商品。

这种国际上普遍存在的趋势似乎与咖啡消费密切相关。因为咖啡豆不管到哪个国家，都能不可避免地、无条件地流行起来。从16世纪，君士坦丁堡的咖啡让我们的生活变得便利开始，到现在为止都是这样。让·德·拉洛克告诉我们，在18世纪初，人们已经可以在君士坦丁堡的咖啡馆里，"用很少的一笔钱享用咖啡，因为一杯咖啡只需要1个银币"。他还解释说，一杯咖啡的价格上限由立法委员会决定。很

显然，这个价格并没有考虑原材料的成本，咖啡生产者们只能选择适应。与此同时，这种确定每杯咖啡价格上限的做法还与咖啡豆和咖啡馆一起"远销海外"，并继续传播了几个世纪。在咖啡刚被介绍到欧洲时，它仅仅是一种奢侈品（这与拜占庭的兴盛有关），然而几年后，咖啡就成了民主的象征，咖啡馆也成了社会文化交融的地方。今天，咖啡像巨无霸指数一样，成为世界各个国家的购买力指标。这能让我们在计算购买力平价（PPP）时理解居民的基本经济状况。不管是巴黎1.8欧元一杯的咖啡，还是意大利1欧元一杯的浓缩咖啡，抑或是美国人在晚餐时喝的黑咖啡，几乎都被视为消费社会的一种权利。在消费社会里，公民之间的身份界限越来越模糊。咖啡势必

会传播开去，其追随者们也势必会将咖啡融入日常经济中，而不用担心咖啡生产成本的提高、病虫害的袭击、资源短缺、恶劣天气的影响，甚至是交易所行情的恶化。这一小杯在柜台买到的黑色饮料不能改变价格，否则消费者和生产者们会渐行渐远。具有讽刺意味的是，那些热带的咖啡种植国家——以咖啡为第一产业的地区，低附加值的地区，可以自豪地给生产出的最优质的咖啡豆贴上"出口优质品"的标签的地区，却没有很高的消费水平。

那些被称为"出口优质品"的咖啡——阿拉比卡咖啡或者罗布斯塔咖啡——倒进杯子里也就只是一种苦涩的混合物，烘焙过度或者烹煮方式不对就只能得到一杯含有咖啡因的液体。

咖啡品种如此之多，生长的

土壤也极为复杂，怎么才能生产出"标准化产品"呢？全世界有这么多经济体（全世界有约70个咖啡生产国，其购买力指数大相径庭），如何才能就交易确定的价格达成一致呢？咖啡消费者们为什么可以远离生产者，对自己每天大量饮用的咖啡的原材料一无所知？咖啡又是怎么失去自己的表达方式的呢？

与其回答这些问题（大部分问题还难以解答），我们还不如在这里给出一些有助于我们思考，能唤起我们好奇心的关键的历史性信息。

这是"小粒黑金"（咖啡）的一段黑暗历史。作为负责任的消费者，我们有必要对这段历史有所了解。

阿拉比卡咖啡时代

一切都要从在也门出现的第一个种植园开始说起。也门人是世界上第一批咖啡种植者和贸易商（埃塞俄比亚人一开始生产的咖啡只供自己消费），他们很快就建立起了国际咖啡市场中心。也门人在售卖咖啡豆前会先用沸水煮，甚至用文火烘焙一遍，以确保咖啡豆不会生芽。这些都是非常理智的行为，也正因为如此，也门人才能在面对全世界新兴的咖啡爱好者们的热情之时，对这个赫赫有名的"黑色黄金"保持垄断。然而，宗教热情战胜了保护主义，第一批出于宗教目的的咖啡被种下了。而咖啡从修道院走出，来到大街上，只需要一步。

我们还不清楚咖啡到底在什么时候走进了民间，但在一份可追溯到15世纪的迈索尔行政文件里，就已经有文字提到咖啡了。

正是这些"虔诚"的种子才催生了现如今也门这个能产30万吨咖啡的国家，让它成为世界主要咖啡生产国之一。与此同时，荷兰船长阿德里安·范·奥梅伦弄到一些咖啡豆，并开始在锡兰（现斯里兰卡）进行种植。从那时起，总有一些植物会被转运到印度尼西亚的爪哇岛上。这里的气候条件能让咖啡树顺利成长、繁衍生息。18世纪初，喜欢农学和植物学的荷兰人很快对外来植物产生了极大的热情。在位于阿姆斯特丹的温室里，他们总会为自己潜心研究的咖啡、可可和茶保留一个位置。

购买力平价

购买力平价是根据各国不同的价格水平计算出来的货币之间的等值系数。它也适用于计算产品组的各个聚合级别以及国民生产总值。已经确定价格的商品和服务，包括所有构成最终花销的样品，即家庭消费、公共行政部门服务费用、与国民生产总值相符合的资本和净出口额。这一指数以美元为货币单位进行计量。

▲ 奢华的接见

版画，勒波特，无日期

▲ 迷宫

版画，尼古拉·胡耶，弗朗索瓦·奥贝尔尔丁，18世纪

▲ 皇家植物园地图

版画，阿布拉汉姆·博思，无日期

　　经过几个世纪的领土之争，欧洲各大王室进入了合力抵抗奥斯曼帝国入侵的时代。在达成了互相保护的协议后，人们深深感受到了咖啡的吸引力。针对咖啡进行的大胆传教进行了近30年，然后阿姆斯特丹市长向当时的掌权者路易十四献上了一棵咖啡树。这棵树被精心养护在植物园里，时时刻刻受植物学家安托万·德朱西厄的关注。

　　18世纪20年代，咖啡改变了航向，这源于一个如今十分传奇的名字：加布里埃尔·德·克里厄。作为一名法国马提尼克岛上的海军军官，德·克里厄船长在巴黎休假期间进行过多次谈判，最后成功从植物园里带走了仅有的三棵咖啡树中的两棵。从勒阿弗尔出发一直到法兰西堡，旅程充满了曲折和神话色彩。这两棵灌木被悉心地保存在帆船的甲板上，它们被放在一个小玻璃温室里，以抵抗恶劣天气的侵扰。咖啡树经历了突尼斯海盗的骚扰、热带暴风雨的袭击，甚至一个年轻的水手还扯掉了一根树枝。由于饮用水都是配给的，到目的地的时候，其中一棵树还是死了，另一棵多亏了船长用他自己的饮用水照料才得以幸存。

　　这棵备受疼爱的阿拉比卡咖啡树是第一代咖啡树。从马提尼克岛上岸后，这棵树就被荆棘丛生的篱笆围了起来，并由奴隶密切看护。这棵小小的咖啡树在这片新土地上如鱼得水。3年后，这棵树周围又生出了新的小树，还开花结果了，德·克里厄带人进行了第一次采摘。

　　根据记录，在法国大革命时期，马提尼克岛上的咖啡树数量接近1900万棵。与此同时，留尼汪岛从印度尼西亚获得了咖啡豆，而法属圭亚那则跟苏里南交易到了咖啡豆。不过，生产记录还是由圣多明各保持着的。1789年，圣多明各一个加勒比海地区岛屿的咖啡产量就达到了全世界产量的一半，使法国成为世界第一大咖啡生产国。每年，有95000

▲ 王室花园一瞥

版画，佛尔捷，库尔瓦锡耶

▲ 留尼汪岛

版画，安德烈·皮雅《国家地图集·插图版》，巴黎，1847年

吨来自圣多明各岛的咖啡豆被运到马赛港，然后销往欧洲其他城市。

与此同时，1730年，英国人把咖啡文化介绍到了牙买加。大约在1750年，西班牙人把咖啡介绍到了古巴，然后是中美洲、秘鲁、委内瑞拉和墨西哥。

对欧洲王室来说，咖啡已然成了一种权力的象征。每个国家都在尽力保护咖啡生产，和也门、苏丹一样，路易十四开始正式禁止出售咖啡种子。然而，这种控制并没有持续太久。据说，1770年，一名巴西外交官被派往法属圭亚那面见总督。这位总督为人坚定，对王室忠诚，拒绝把咖啡幼苗卖给他。但谁也想不到，在外交官离开之前，作为偷情的纪念品，总督的妻子偷偷地给了他几颗咖啡豆。事情的真实性我们无法考证，但可以肯定的是，几十年后，巴西成了世界上第一大咖啡生产国。

咖啡种植文化的发展和奴隶制

阿拉比卡咖啡就这样征服了世界。仅一个世纪，来自也门或埃塞俄比亚的咖啡树苗就已遍布世界各地：首先是太平洋群岛，然后是加勒比群岛，接着是中美洲、南美洲。这些地方的生态和气候特征相似，此外还有一个因素：劳动力廉价。

在15世纪，很可能还要更早，由于意识到咖啡的巨大潜力，也门从现在的苏丹引进了一批男工到种植园干活。在一些游记里，我们甚至还在用"奴隶制"一词来描述这个现象。这些旅行家们写道：被俘虏的年轻的奥罗莫人看管着哈勒尔市的咖啡园。

这样的情形也出现在加勒比地区的欧洲殖民地。在屠杀了当地的原住民以后，殖民者们从非洲引进劳动力，来解决当地农业劳动力不足的问题。这些地方包括马提尼克岛、圣多明各、牙买加、巴西以及委内瑞拉。

随着经济全球化，人们从异域运输商品到欧洲，包括可可、糖、咖啡和珍贵的木材。有时，这些商品，如糖和咖啡，它们最终被运到的地方，就是它们本来生长的地方。为了种植这些植物，人们从非洲海岸进口"既得劳动力"。在法国，南特和波尔多两座城市成了劳动力贸易的中心。

在热带地区，种植园主按照罗马时代的种植园进行规划建设：正中心是主人的房子，也是后勤的心脏；中心的周围分布着被奴隶挤满的小屋。奴隶们寿命不长，常常活不过青少年时期，他们的命运完全由肆意妄为的主人来决定。耕作的奴隶们是否能被允许品尝他们种植出来的果实，跟奴隶主人的心情有很大关联。

在整个18世纪，奴隶贸易与日俱增。巴黎的咖啡馆里，哲学家、资产阶级、贵族和广大革命群众络绎不绝，而这些咖啡的低廉价格，正是由廉价的劳动力成本保证的。

贵族们喝的咖啡有汗水和血泪的味道。在德·克里厄到达马提尼克岛时，这个岛上已经有10万奴隶了。无论是谁把咖啡树连根拔起，都会被处以死刑。在圣多明各，为了满足人们日益增长

猫屎咖啡

种植园里奴隶们品尝自己种出的果实的禁令带来了意想不到的后果。你一定听说过猫屎咖啡。这种经过啮齿动物消化道的咖啡，曾被卖到一杯100美元。它的故事并不光彩：为了绕过品尝自己种出的咖啡的禁令，爪哇岛的农工们会洗去小果子狸的便便来获得咖啡豆。因为果子狸很聪明，它们非常擅长挑选最优质的咖啡豆食用。

的咖啡需求，每年有2.9万名（平均每周约500名）非洲人坐着南特船东出租的海船来到这里。1789年，圣多明各的非洲黑奴多达45万，而白人只有4万。

18~19世纪，法国、英国、美国等相继废除奴隶制，使得咖啡生产国不断受到影响，法国迅速失去了其世界第一咖啡生产国的地位。

19世纪，巴西成为世界上第一咖啡生产国难道是巧合吗？今

法兰西岛之旅

贝尔纳丁·德·圣-皮埃尔
1769年

"我很生气，那些勇敢地同虐待黑奴做斗争的哲学家们在谈论到黑人制度时只是开玩笑的……他们谈论过圣·巴塞洛缪，谈论过西班牙人对墨西哥人的大屠杀，语气之淡薄就好像这个滔天罪行没那么严重，就好像欧洲的一半人并未参与其中一样。折磨一个被我们夺走了快乐的民族，和因为和自己意见相左就赶尽杀绝有什么区别？不都一样罪孽深重吗？"

天的巴西在咖啡生产方面依然有着无与伦比的地位，难道也是巧合？而在此期间，咖啡的家乡又发生着什么呢？在埃塞俄比亚旅行的法国旅行家保罗·索莱利特说道："卡法地区所有的咖啡均被贡多拉人垄断，黑奴贸易也由他们操办。"可见，奴隶制和咖啡，二者有着不可分割的联系。

◄奴隶一家五代

非裔美国家庭，五代奴隶在史密斯种植园。博佛尔，南卡罗来纳州，蒂莫西·奥沙利文，1862年

1.1
千万
这是15世纪至19世纪运过大西洋的非洲黑奴的人口数量。

1789
年
法国颁布《人权宣言》。

125
万
奴隶被贩卖到大洋彼岸。

罗布斯塔时代

19世纪，在奴隶制被废除之后，欧洲大国把目光转向了西非。殖民者们发现，阿拉比卡咖啡树不能适应撒哈拉以南的非洲地区的潮湿气候和过高的气温。然而，19世纪末，探险家们有了一个伟大的发现：在今天的乌干达和赤道几内亚的森林里，长着一种和阿拉比卡咖啡树非常相似的植物。这种植物更高，野生的植株能够长到10米，叶子稍微长一些，果实成串，浓密且小。这就是中粒咖啡，后来被称为"罗布斯塔咖啡"。在此之前，来自利比里亚的利比里亚咖啡已经被引进到科特迪瓦、喀麦隆等地。而罗布斯塔咖啡要比利比里亚咖啡更容易种植，它不断给人惊喜：它的生命力很强，能抵抗疾病，还能适应高温和潮湿，最重要的是，它的产量很高，还有政策的加持——法国尽力降低其热带农业地区的原料贸易逆差。咖啡成了一种战略商品。

1900年，全世界开始追求"科学进步"。西方开启了工业时代，这是生产力和标准化大幅

提高的时代，是农村人口外流和消费大众化的时代。国与国之间建立起了商贸关系，蒸汽船被发明，铁路和农业加工业让农业世界有了明显的现代属性。此时，研究罗布斯塔咖啡最主要的目的是降低生产成本，满足不断增长的咖啡需求。因此，法国海关免除了关税，这让非洲罗布斯塔咖啡的贸易大大受益。尽管当时奴隶制已经被废除半个多世纪，但依然有人从热带草原地区运送劳工到咖啡种植区，以满足日益增长的劳动力需求（尤其是在收获期），促进了殖民地种植园的扩张。

罗布斯塔咖啡在20世纪获得了"统治地位"。尽管现如今它的产量占世界咖啡产量的40%，但在二战后只有5%。自20世纪70年代开始，人们对这种源自非洲、后来被移植到亚洲（越南、印度尼西亚）和巴西的咖啡的需求越来越大。今天，西非依然只生产这一个咖啡品种，不过它在国际咖啡市场上的份额，在过去的80年间，已经从90%降至20%。现在，越南成了世界上罗布斯塔咖啡的主要出口国（40%），后面依次是巴西（20%）、印度尼西亚（14%）和印度（6%），其余部分则从非洲出口。

公共健康问题

20世纪初，国际咖啡售卖计量单位正式被确定为袋，每袋装60千克，袋子通常为麻制。白天，这些袋子会由各个工人经手：农工、港口工人等。这在劳动经济学方面产生了严重的影响。国际劳工组织认为，对于人力装卸来说，23千克以上的重量属于沉重级别，这个千克数也是现在托运行李重量的限额。国际劳工组织于2010年出版的合集中曾指出："劳务人员可以进行重复性劳作，比如背负、运输（重量大于23千克的）重物，特别是收货后的装载容器。"但是，"按任务或按件实施的补偿系统却增加了劳工们出现疲劳和肌肉骨骼病发的风险"。

很多农工依然按照收获到的咖啡果的重量换取报酬，而不是咖啡豆的质量，这就是去皮技术比采摘技术更重要的原因。同时还存在着其他违反国际规定的做法，比如为了贴补家用而出现的童工。此外，因为搬运过于沉重的咖啡袋而带来的健康危害也是多种多样的：坐骨神经痛、半月板慢性病变等。对于那些健康状况不稳定、严重营养不良、免疫力差的人来说，超负荷工作还会增加更多的危险。

此外，国际劳工组织尤其提防主流种植园里出现杀虫剂、化肥和其他化学品带来的问题。这些因素会给人的呼吸道带来影响，引发癌症等疾病。

证券交易所和协议

1872年，在纽约证券交易所（纽约咖啡、糖和可可交易所，现在的纽约期货交易所）里，咖啡在股票市场上的价格得以确定。从1954年开始，伦敦证券交易所（伦敦商品交易所）只能交易罗布斯塔咖啡。这之前，纽约一直控制着阿拉比卡咖啡。

咖啡交易所是期货市场，也就是说，买家预先承诺以某一价格购买一定数量的生咖啡，价格按照基本价值标准确定。但是，咖啡并不总受股票交易的影响。为了在国际贸易中争取到更多的权益，咖啡生产国和消费国达成了独具一格的协议：国际咖啡协议。该协议签署于1962年，规定了咖啡的出口和储备配额制度，以及国际贸易中生咖啡的价格范围。在联合国的主持下，该协议又把目标确定为把国际市场上咖啡的价格稳定在一定水平。1963年，在这项协议的基础上，国际咖啡组织得以成立。但是，1989年，由于出口国和进口国之间未能达成共识，该协议被放弃。随着世界两极化的形势结束，新自由主义成为人们的共识。咖啡市场也紧跟潮流，被再次放入证券交易所。经过27年的规范，20世纪90年代初，咖啡进入超市、连锁店，咖啡生产者们开始意识到咖啡生产出现了前所未有的危机——人们发明了可溶性咖啡，去咖啡因的咖啡也渐渐流行起来，咖啡变成了一件普通的商品。从20世纪50年代开始，全球的咖啡消费量与日俱增，到现在为止已经增长了10倍！然而股票交易中咖啡的价格却在暴跌。交易所发现，越南在咖啡出口市场中有着绝对的优势。仅几年时间，这个传统的茶叶生产国就一跃成了世界第二大咖啡出口国。

绝大多数非工业化种植园里的咖啡，其生产成本是不可压缩的。为了喝上一杯优质咖啡，必须采摘成熟了的咖啡果，经过2~3个工序才能得到咖啡豆。劳动力成本的增加导致了咖啡豆加工厂成本（工艺、用水、搬运等）的增加，这还没有算上为了出口给

艳阳高照下的咖啡树 ▼

克里斯托弗·阿尔皮扎尔

咖啡豆提供适宜的湿度所花费的时间，以及在咖啡研发方面的投资成本。在大多数国家，生产1磅咖啡的成本，是目前股票市场上咖啡价格的2~3倍。这还没有考虑某些批发商们（也就是买家或者拉丁美洲人所说的"豺狼"）无情的谈判。在关于"黑色黄金"的纪录片中，来自埃塞俄比亚奥罗米亚州的咖啡种植者们抱怨自己只能以每磅8美分的价格出售阿拉比卡咖啡豆。在拍摄这部电影的时候（2006年），咖啡豆的批发价是股票市场上咖啡价格的1/14。安东尼·维尔德还补充："如果咖啡的批发价格一直低于其成本价，那么，这些小开发商和农民们就真的需要消费者补贴了。"

交易所的把戏

阿拉比卡咖啡目前（2017年6月）的价格为每磅（约0.45千克）1.4美元，罗布斯塔咖啡则为1美元。但这并不意味着生产者将会以这个价格得到回报。那些以传统方式经营咖啡的人（批发商或者"经纪人"）有时会很受限制，他们的生咖啡豆的出售价格每磅不到10美分。由于远离分销网络又依赖于咖啡加工厂，他们甚至连咖啡的生产成本也拿不到。然而，要获得1磅生咖啡豆，必须有2.5千克咖啡果。1磅生咖啡豆，经过烘焙能得到50杯浓缩咖啡，每杯价格1~3美元。这意味着生咖啡和能喝的咖啡饮品之间的价格差可以达到1500倍。一杯可以饮用的咖啡要从采摘开始，经过加工、出口等多个过程，然而我们认为这个过程只包括咖啡的烘焙和烹煮。对于精品咖啡来说，这个过程甚至要从种植咖啡树就开始算起，再加上咖啡种植者对每棵咖啡树的精心护理。

苦涩的混合物

格洛丽亚·蒙特内格罗

没有努力就没有收获，没有努力就没有收获
号子声中，人们背起咖啡豆
产地已经标上了袋，咖啡的旅程开始了

走出故乡的咖啡迷失了
它疯狂地爱上了
一个叫作欲望的杯子

它在耳边悄悄向杯子讲述着
一个未写完的故事
一个关于热带地区的悲伤故事
那里美丽富饶、生物繁多——那曾是它的故乡

没有努力就没有收获，没有努力就没有收获
产地已经标上了袋，咖啡的旅程开始了

"可你又是谁？"杯子问道。
"我的母亲是大地，
我的父亲，是那千千万万辛勤劳作的种植者，
我只是一个混合物。"

没有努力就没有收获，没有努力就没有收获
……

当每天20亿杯咖啡
在狂野的酒吧里沙沙作响之时
那个叫作欲望的杯子
留下了两行眼泪
咖啡变得苦涩

咖啡拯救者：卢旺达的寡妇

对卢旺达南部的尼亚马加贝地区而言，咖啡就是"救世主"。这个故事很值得一讲。你根本无法想象卢旺达人到底经历了什么——1994年4月至8月，80万人丢了性命，一场闻所未闻的自相残杀，让许多卢旺达人永远失去了他们的亲人。

经历过这样的一场地狱之灾后，一个国家要怎么振作起来呢？

在高原、山区和森林里，大自然很温柔，野生生物安静地生长着。噩梦之后，坚强的人团结起来，决心要实现国家的重建，维护国家的和平和尊严。爱普法妮·穆卡诗雅卡就是一个典型的例子。她决定和村里的其他女性一起，接管那个世世代代由男性管理的家族种植园。这些女人没有学习过咖啡种植，也没有学习过如何提高产量和收益。在这片受伤的土地上，她们一切从零开始——只在质量最高的土壤里（海拔1700~1900米）种植红波旁，而且还要为咖啡树提供阴凉保护。慢慢地，她们购入了处理厂，进行谈判，提高了咖啡豆的价格。

21世纪初，精品咖啡开始在咖啡市场获得一席之地，不再受证券交易所确定价格的限制。女人不再只种咖啡，她们还可以是农学专家和专业品鉴师。进口商们与生产者们建立起了直接的联系，并开始签订长期协议。

1994年，卢旺达只能生产2.2万袋咖啡豆；而如今，卢旺达出口的咖啡约有30万袋。2008年，卢旺达还达到了"卓越杯"的标准，它是世界上十大参加此次质量竞赛的国家之一。这项赛事是专门为优质咖啡设立的竞赛。在此过程中，女性起着至关重要的作用，不仅仅在咖啡工业中，在她们的国家中亦是如此。她们是我们的好榜样，她们身上的决心、勇气和专业性，值得世世代代的人学习。

发展背景

20世纪末，咖啡产业链的主导者们意识到了危机带来的后果，开始采取行动，重新重视咖啡的质量。一种新的理念正在萌芽……

精品咖啡的出现

如今，在美国、欧洲、日本、印度尼西亚等地都兴起了精品咖啡协会。在美国加利福尼亚州的一些城市，还有精品咖啡币作为流通货币。"精品咖啡"这个表达方式越来越多地出现在咖啡袋上，甚至在一开始对这股潮流有些抗拒的法国亦是如此。

精品咖啡

实际上，精品咖啡一直存在。在16世纪的也门，18世纪的留尼汪岛，19世纪的牙买加和20世纪的东非、中美洲、秘鲁的高原或爪哇岛上，都有精品咖啡。只是，消费者们没怎么重视这种咖啡，因此，生产者和出口商也就不再重视这些咖啡了。

精品咖啡来自祖先的传统。凭借其几百年的传统和一系列触发因素，这个术语才获得了它的"贵族地位"。在15年前，把咖啡比作葡萄酒是不可想象的，而今天，咖啡生产者、咖啡加工者（包括改良师、烘焙师、咖啡师），尤其是消费者，都为咖啡和葡萄酒这两种文化建立起了联系。

"第四浪潮"的起源

要想让全世界都听到艾尔娜·克努特森讲话的回声还需要一些时间。20世纪80年代至90年代，那些农工业大集团的霸权已经得以确立：价格无法调整，贸易自由，需求不断增长，速溶咖啡占领了新兴超市。许多亚洲人也开始喝咖啡，并且大规模地生产咖啡。

20世纪80年代末，为了弥补"橙剂"给越南生态和社会带来的灾难性后果，世界银行、国际货币基金组织和亚洲开发银行（幕后也有咖啡跨国公司）一起建立了一个罗布斯塔实施计划。据说，这是给越南人新收入和新工作，并且"重新造林"的一种方法。"重新造林"这个词加上

引号，是因为这个词的实际意义是以低成本精耕细作地生产咖啡，因此这并非农林业。这项措施在国际咖啡协议签署之后开始实施，至此，杀虫剂、化学肥料和廉价劳动力都开始为股市价格服务。1999~2000年的收获期间，越南在咖啡出口总量上超过了哥伦比亚，出乎意料地成为世界第二大咖啡生产国，紧随巴西（世界第一大罗布斯塔咖啡生产国）之后。1990年，这个东南亚国家在生咖啡市场上已经变得和刚果人民共和国一样举足轻重，打破了每两年按照巴西的产量而确定的，几十年来一直稳定波动的价格平衡。世纪之交的大崩溃是悲剧性的：1994年，罗布斯塔生咖啡豆的售价是1.83美元/磅

万圣湾的货船 ▶

萨尔瓦多，巴西

（约合4美元/千克），而到了2001年10月，价格居然降低到0.21美元/磅（约合0.46美元/千克），差不多降低了90％！这次动荡也影响着阿拉比卡咖啡的价格，同一时期，阿拉比卡咖啡的价格从2.15美元/磅（约合4.73美元/千克）降至不到0.45美元/磅（约合1美元/千克）。

越南的工资水平低，生产效率又很高（每公顷高达4吨，是同等面积的非洲土地的产量的10倍），因此，世界咖啡价格市场只能崩溃。有时，生产咖啡的成本会突然涨到股票市场上价格的2~3倍，许多咖啡生产者不得不放弃他们的土地。前咖啡商人安东尼·维尔德在撰写他的论文《咖啡，一部黑暗的历史》时甚至还用到了这些强硬的语句："21世纪初，付给咖啡生产商的极低的价格，不可避免地导致我们开始了全球史上著名的最大规模的裁员。"这对于一个在世界上雇佣了超过一亿人的行业来说一点也不奇怪！咖啡市场的崩溃导致大批劳务人员来到发达国家，致使发达国家直接或间接地参与了这次的价格崩溃。这次人员的迁徙极大地改变了欧洲和北美的人口结构。

一位萨尔瓦多的专家来到巴黎时说道："以前，萨尔瓦多咖啡是换取外币的主要来源。萨尔瓦多公司有自己的货船。而今天，我们只出口在咖啡种植上没有发展机会的男性劳动力，国家也只能依靠他们寄给他们家人的侨汇而生存。"

危机过后，这些被迫迁徙的人们并没有回到自己的国家，他们定期寄回侨汇。2016年危地马拉的侨汇有70亿美元。

大危机下的大反应

其他咖啡生产国的损失在逐年累积，且负债累累。这个状态持续了10年，从未停息。批发商们成为他们的债权人，而债务人只能用实物来支付，用整个咖啡生产来交换。银行提高了利率，每年最高可达25%，就是为了降低生产者如期偿还贷款的不确定性。同时，成本也在成倍增长。因此，哥伦比亚的大片咖啡农场越来越少。

危机是精品咖啡市场的加速器

这次危机是毁灭性的，但也可以把这次危机看作一次史无前例的、迎接挑战的机会。因为这些挑战能让我们重新发现咖啡的价值，把咖啡提高到有认知度、技术完善、尊重咖啡种植者的水平，去走那条葡萄种植走过的，在法国乃至全世界都开花结果的道路。此外，在世纪末的这场危机到来前，有些咖啡种植国家已经为提高质量做好了准备。

其中最好的一个例子是危地马拉。20世纪70年代，危地马拉在各个咖啡区开始了真正的土地管理。这种方法类似于勃艮第葡萄园在20世纪30年代进行的土地管理，当时的管理最终催生出了名牌葡萄酒。

如今的越南

今天，越南的咖啡产量占据了世界咖啡产量的17.5%，这是让越南人感到自豪的地方。越南主要生产的是主流的罗布斯塔咖啡。咖啡的收获期从11月开始。批发商们会资助种植者购买必要的肥料，这样他们就有办法确定批发价和最后交付给贸易商的价格。目前，越南主要的咖啡贸易商是德雷福斯和艾科。他们会将咖啡出口到雀巢和亿滋国际的工厂。

咖啡的平均生产成本是每吨1500美元，然而卖给外国市场的

10
年

1990年，在咖啡市场上，越南和刚果人民共和国平起平坐。10年后，越南已然成了世界上第二大咖啡生产国。

90%

从1994年到2001年，罗布斯塔咖啡的市价降低了90%。

70
亿

2016年，危地马拉侨汇达70亿美元。这都是危地马拉的侨民从所在国寄回去的。

单价仅2000美元。"这盈利不多"，出口商潘先生向我们解释说。潘先生是我们在布达佩斯的精品咖啡卸货沙龙里遇到的越南人，所有的第一手信息都是他提供给我们的。

这的确不能带来很大的收益，尤其是在知道越南平均工资水平已经上涨了约10倍之后。1989年，越南国民人均收入为202美元，2016年涨到了2050美元。事实上，越南的国民生产总值同期增长了320倍，从63亿美元增长到20260亿美元。世界变了，越南也在向世界开放。越南的咖啡种植者们每天早上都会用自己的智能手机查看、确认股市价格。他们与世界联系起来，更好地了解了世界经济的运作方式，获取了更多的信息。"人们对阿拉比卡咖啡的兴趣赢得了咖啡种植者们的心，他们正在尽力融入精品咖啡选择的世界中"，潘先生继续说道。他还解释说，越南的人们也正在研究怎么将这种文化介绍到海拔在1400~1700米的大叻市和索拉地区。此外，2016年，在胡志明市还举行了越南第一届咖啡师锦标赛。

▼ 猫屎咖啡

咖啡种植园，印度尼西亚

咖啡生产者们的发言

"咖啡界"沙龙，2017年6月，布达佩斯

2017年6月，在布达佩斯举行的"咖啡界"沙龙上，我们采访了一些很想表达自己观点的咖啡种植者。对我们来说，让那些日常生活中以种植咖啡为生、千里迢迢来到这里满足客户需求的人进行发言是很有必要的。

胡安·路易斯·巴里奥斯

危地马拉圣马丁希洛特佩克的拉梅尔塞德庄园的第四代咖啡种植者，SCA（精品咖啡协会）董事会成员。

"我信任我代表的精品咖啡协会，因为多亏了这个协会，精品咖啡才登上了领奖台，有了自己的定义空间。精品咖啡市场每年增长10%，而主流咖啡则继续停留在自己的消费增长曲线上，每年增长2.5%。

"我们只对拉丁美洲（巴西除外）的咖啡进行精品咖啡的直接贸易。近几年，精品咖啡的成本大幅增加。在危地马拉，农工的工资就增长了5倍——季节劳动力占了成本价的40%；还要加上5%的安保费，因为把好几吨袋装咖啡交付给一个开无担保的卡车的司机是非常危险的。我们的咖啡平均生产成本是每磅1.5美元，这个价格几乎不可能出现在股市上。股市交易价格只与巴西和越南的生产商的成本价相关。

"在越南处于危机时期时，危地马拉损失了30%的咖啡种植园：以前的咖啡种植者们拥有的精湛种植技术被浪费，转而投向了那些风险小的农产品种植，如橡胶、柑橘、澳洲坚果、小豆蔻等。

"危机期间，对于生产者们来说，星巴克是一个很棒的替代品，因为他们提议给生产者补上因长期股市价格上涨而带来的差额（当时股市上的价格约2美元/千克，而星巴克则提议在接下来的4年里加价20美分）。2011年，我们建造了一个加工处理站，里面包含所有必需的器械，工序从摘除果肉到用羊皮纸包装咖啡豆。这是向自动化和质量监控迈出的巨大的一步。"

哥伦比亚考卡山谷的希望庄园，唐·里戈

"一切开始于一个世纪以前，一个名为坡托斯芬的咖啡种植园诞生了。这个种植园远离凯塞多尼亚地区，处于哥伦比亚科迪勒拉高地中部的正中间。

"经过几年时间，我们淹没在传统咖啡市场中，这个市场受纽约

证券交易所的合同牵制。我们种植了各个传统咖啡品种：铁比卡、波旁和卡杜拉。大约10年前，我们开始生产经过认证的有机咖啡。自此，贴着有机标签的优质咖啡得到了广泛认可。

"在邻国巴拿马的那次经历之后，我们决定提高咖啡的质量，以回到那个复杂而苛刻的精品咖啡市场。我们开始种植异国品种：瑰夏、苏丹罗米、摩卡等。这条路并不容易，因为我们对这些咖啡品种一无所知。但在经历了重重困难、反复试验、高额投资，花费了无数的时间、人力、物力资源后，我们终于成功地培育出几种味道复杂却令人惊叹的咖啡。

"这些咖啡让我们惊讶！它们美味且充满了异国情调，以至于我们有三家咖啡种植区成功挤进了2012年美国精品咖啡协会评出的年度十大咖啡种植区。"

尼加拉瓜拉玛咖啡馆，加布里埃拉·菲圭罗阿

"我们经历了那场危机，经历了21世纪初我们劳工外流的损失。那是一段可怕的时光，但我们决定要进行改变，和一些咖啡烘焙商建立起长期的合作关系。我们要去和他们会面。

"我们想卖质量经得起考验的咖啡。为了让这些农工也成为咖啡种植园进化的一部分，我们在农工教育方面进行了投资。但要远离商品市场并不容易，我们要搬家，跋山涉水地去见我们的客户。为了满足消费者的鉴赏需求，我们同意了所有的烘焙师向我们提出的要求：不仅杯子的样式要准确，还要改进我们的流程。他们要求我们使用一些我们之前不知道的方法，这在某种程度上促使我们追求卓越，而我们也因此得到了回报。

"这条路需要大量的投资和辛勤的工作。我们引进了一些植物种类，比如月桂树和一些豆科类植物，这些植物能弥补土壤养分的不足。我们不需要化学肥料，这些引进的植物完全可以满足咖啡树的生长需求。

"最重要的是，要在种植园内搭建一个品尝实验室。我们一边品尝所有的样品，一边了解生产中可能存在的缺陷，并试图找到原因：是咖啡树生了病，还是咖啡在木桶里过度发酵了。我们还能知道什么时候一杯咖啡能达到最完美的状态，然后毫不犹豫地提高每一小包咖啡的价格。

"自己亲自品尝咖啡，对精品咖啡生产商来说，是不可或缺的成功手段。"

危地马拉不再出售咖啡

　　早在20世纪末大危机爆发之前，危地马拉国家咖啡协会就进行过一次关于本国咖啡种植的背景研究，其目标在于提高咖啡生产质量，以进入细分市场。的确，如果股市和其他原材料一样，也能决定主流咖啡的价格的话，那么，精品咖啡所遵循的规则将与之背道而驰。

　　在危地马拉，人们会根据咖啡种植园产地的海拔高度对咖啡豆进行分级。海拔更高的地区，产出的咖啡豆密度更大，品质也更为上乘。

　　根据咖啡种植园的地理环境来对咖啡豆进行命名。

　　海拔低于700米：初级咖啡豆。

　　海拔700~900米：超初级咖啡豆。

　　海拔900~1200米：半硬咖啡豆。

　　海拔1200~1400米：硬咖啡豆。

　　海拔1400米以上：坚硬咖啡豆。这是密度最大的咖啡豆，也是最上乘的咖啡豆。

　　每个种植区都有自己独有的小气候、生物多样性、文化、烹饪习惯和特有的咖啡豆。我们从这些高原地区对咖啡豆进行取样，然后送往蒙彼利埃（法国南部城市）。在那里，CIRAD（法国农业发展研究中心）会对其进行一项非常深入的生化、感官分析。不同的地区赋予咖啡的特点不同，有葡萄味的韦韦特南戈咖啡，有花香味的安提瓜咖啡，有榛子味的新东方咖啡，它们的味道千差万别。咖啡与咖啡之间大相径庭的味道为危地马拉的咖啡豆成为精品咖啡提供了向前的动力。

　　通过媒体，咖啡连锁的研究结果在每年8月，咖啡种植者们忙完农活后举行的全国咖啡大会上得以宣布。无法想象的事情发生了，危地马拉的咖啡种植实现了跳跃式的发展！生产更优质的咖啡的机会出现了。50年后，"金字塔"倒过来了，77%的咖啡生产者都将自己的咖啡树稳稳地固定在了海拔1400米以上的地区。

法国的七大悖论

法国，这个在美食、葡萄酒、奢侈品和差异化农业方面均遥遥领先的国家，曾经也是（现在依然是）一个在精品咖啡方面难以突破的国家。法国人的悖论不断地质问着我们。

法国咖啡种植

从路易十四时期开始，法国就是咖啡的研究国、生产国和消费国。朱西厄、林奈以及其他植物学家们，无论是在实验室、温室，还是在研究中心，都一直致力于改善世界咖啡的质量，可这一切对法国的咖啡种植来说却意义不大。因此，第一个悖论的主要标志是：法国农学奖从不把海外省和海外领地的咖啡种植纳入评审范围。

被遗忘的职业

尽管从事咖啡行业的人依然存在，而且越来越多，但是咖啡行业依然没有被纳入商会目录里。我们也并未在酒店管理学校里开设与咖啡师或侍酒师职业相关的课程，更别提烘焙师了。36000家在巴黎争夺经营位置的咖啡馆并不招收受过精良培训的、能够正确制作出咖啡的咖啡烹煮师。而那些以烘焙法式吐司的方式烘焙出的油腻且带着一股煳味的咖啡，却大行其道。

酒有侍酒师，咖啡有什么呢

有一种职业叫侍酒师，侍酒师能够为每道菜搭配好特定的葡萄酒，但咖啡却没有这样的待遇。品尝美食，从开胃酒到助消化的酒，每一环节都需要严格把关，但我们却从未根据自己吃的甜点挑选特定品种的咖啡的习惯。在享受完一顿美餐后可以以一个苦涩的音符来结束这次进食，于是出现了"咖啡消费"的概念，但同时还出现了一种助消化的酒来赶走这种苦涩。

品味精神

品味精神在法国社会中一直占据着重要的地位。葡萄酒、烈酒、可可、茶、橄榄油，它们都是品尝的对象。那么，为什么咖啡的销售量却一直增长得如此缓慢，一旦说要好好品尝咖啡的时候就无人应和呢？

才刚刚起步的咖啡学VS成熟的葡萄酒学

在一个提出了产地概念，创立了以法定产区命名葡萄酒的方式，让可追溯性变得重要的国家里，咖啡一直都是默默无闻的。我们在混合、售卖咖啡时并不会标明这种咖啡是由哪几种咖啡混合而成的。我们能用大量的词描绘葡萄酒的情况，但能用来描述咖啡的只有"浓"或"淡"。

不存在的词

正因为这些词原本并不存在，所以关于咖啡的新造词闪耀夺目：咖啡种植、咖啡种植者、咖啡学、咖啡学家，甚至咖啡师等，这些词都是法语新造词。不过这些新词正好填补了这个行业的空白，甚至还让这个行业具有了正规性。

奢侈品市场

法国是最早出现奢侈品市场的国家。在这里，长期饱受中伤的咖啡贸易曾经和生活必需品一样受到监管，咖啡的定价还受价值峰值的限制。尽管咖啡学取得了缓慢发展，但在一般情况下，美食推荐者们依然不会考虑"咖啡参数"。

18世纪的哲学家们品尝过法国史上最好的咖啡。当时，法国拥有一位特别优秀的烘焙师。他用带着原产地名称、从马赛港辗转而来的咖啡豆制作咖啡，用在利摩日（法国中南部城市）和塞夫尔专门制作出来的器具盛咖啡，那是史无前例的美妙时光。那之后，仅仅用了十几年，咖啡

一种共享的热情 ▲

安德里亚娜·阿尔皮雷兹

馆就开始兴盛起来，伟大的咖啡专业人士也来到了这个地方。

第一届法国最佳烘焙师竞赛于2018年举行。人们对冲煮咖啡产生了越来越浓厚的兴趣，冲煮咖啡逐渐出现了一种美学吸引力。咖啡的业余爱好者们不仅知道要怎么煮咖啡，还知道了怎么品尝咖啡。从巴黎开始，希望的星星之火开始在法国蔓延开来。

艾尔娜·克努特森的故事

20世纪20年代，艾尔娜·克努特森从挪威移民到美国，在纽约做了几年模特后，她进入了旧金山地区的一家咖啡和香料进口公司当秘书。所以，准确说来，对咖啡味道的敏感、对女性解放的热衷以及所拥有的决心使得艾尔娜·克努特森成了一位革命者，她的名字和一生与"精品咖啡"紧密联系着。"精品咖啡"这个概念能在国际上取得成功，也必须感谢她。

这个女人到底是怎么成功的呢？我们可以认为源自她对咖啡的一见钟情。然而，艾尔娜和咖啡的这种相遇很晚才在她的生命里发生。

50岁的时候，艾尔娜的职业生涯依旧没什么大浪花。有一天，当她的嘴巴正被来自苏门答腊的曼特宁咖啡填充着时，她忽然灵机一动：她想得到这种咖啡，还想自己去销售这种咖啡，更想成为这种咖

啡的发言人。她说到做到，只用了一个月的时间就成功地卖掉了一整箱曼特宁咖啡——60千克一袋的咖啡，她卖了250袋。在热情中努力的艾尔娜整个人都变了。

1978年，在蒙特勒伊的一家专业沙龙上，艾尔娜·克努特森进行的一次演讲，为后来被定义为"第四浪潮"的精品咖啡奠定了基础。那场演讲不知不觉地改变了消费者们的精神状态。艾尔娜仅用了几个词，就描述了在当时完全是革命性的概念。这个概念确立了每个咖啡连锁店起着的关键性作用。土地、小气候、土壤的化学成分和农业这几者之间完美匹配，为精品咖啡奠定了基础，她向听众们解释道："这些因素产出的咖啡各有其独特的味道特征。"她还说，每个地区生产的咖啡豆都有着自己的独特优势，我们有必要学会区分不同的咖啡。

她希望这些不同种类的咖啡豆能在这一整套环节（进口、烘焙、烹煮）中得到正确的处理方式。每个人在自己的那个环节上都必须尊重咖啡。要精心处理咖啡，尤其是当我们已经了解了这个咖啡的明确身份——这个咖啡具有可追溯性时。这个极具包容性的概念预示着公平贸易（20世纪90年代末，在马克思·哈弗拉尔的努力下才开始普及）、直接贸易（近十年来才越来越普遍）以及咖啡也应按照法定原产地名进行命名（40年后，这个项目仍然处于孵化阶段）。

尽管让舆论和咖啡市场接受艾尔娜的观点还需要时间，但她的演讲已经改变了咖啡的概念，使得咖啡成了更加多元、更加令人惊喜、更需要被精心对待的产品。多年后，艾尔娜·克努特森和其他咖啡专业人士一道，创立了美国精品咖啡协会（简称SCAA，这是一

非政府组织，其目的在于构建一个
共同的、用来建立咖啡质量标准的
论坛。这样才能确保咖啡贸易对所
有人公平，且更具有可持续性。这
个拥有2500多名工会会员的组织
自此使咖啡业产生了巨大改变。尽

管已经94岁高龄了，艾尔娜·克
努特森依然在激励着喜欢咖啡的男
男女女。

精品咖啡

名葡萄酒的出现不是偶然。而您杯中的这种饮品，它味道醇香，能折射出猩红色或者金色的光，也需要花费近500小时的人工劳动。请您深入了解一下精品咖啡的生产，或许您就再也不会以以往的方式品尝您的浓缩咖啡了。

咖啡女人

对爱雅雨·卡萨的访谈

格洛丽亚·蒙特内格罗：

爱雅雨，你就是咖啡树，你就是咖啡因，你就是咖啡的香气，你就是咖啡的颜色。作为巴黎咖啡馆的主烘焙师，同时也是2015年法国排名第二的烘焙师，你的经历和五大洲产出的咖啡有关。你已经成了一位特色咖啡烘焙师，那么告诉我，对你来说，什么是烘焙？你会怎么描述烘焙呢？你在烘焙时追求的点到底是什么呢？

爱雅雨·卡萨：

烘焙既是物理过程，也是化学过程，其目的在于开发咖啡的味道和香气，在咖啡的苦涩和酸涩之间建立平衡，是为每种咖啡找到自己的特性。为此，我只设计密度相同的咖啡豆的烘焙方式，也只会同时烘焙来自同一个产区的咖啡豆。我一直建议先烘焙后搭配，且很满意我那个伊兹密尔制造的电烘焙炉。伊兹密尔也是土耳其咖啡的诞生地。

格洛丽亚·蒙特内格罗：

你能解释一下什么是烘焙配置吗？我们要如何达到这样的平衡呢？

爱雅雨·卡萨：

烘焙配置就是一种温度的组合。每种咖啡，在我的脑海里都有对应的组合。电脑可以监控咖啡豆的这种温度组合，并让这个过程自动化。我喜欢观察、倾听并感受咖啡豆的改变，然而电脑只能观察咖啡豆。在咖啡豆上出现第一次爆裂后，千万不要盛出咖啡豆，还需要再等两分钟；也没有必要一直等到出现第二次爆裂，因为这个时候，油已经出来了，咖啡豆的香味自然也就消失了。

格洛丽亚·蒙特内格罗：

请你描述几种你已经烘焙过的咖啡吧。

爱雅雨·卡萨：

多米尼加共和国杜阿尔特峰出产的吉梅内斯咖啡需要谨慎而复杂的操作。哈拉尔咖啡告诉我的是关于哈拉尔人的故事：他们由多个不同的民族组成，他们互相帮助，彼此和谐相处，就像他们出产的咖啡豆一样。而经过洗涤后的中美洲咖啡则爱开玩笑，吵闹不已。

精品咖啡推动者的故事

　　大规模、大批量生产咖啡的市场，和市场份额只占2%的精品咖啡的市场有很大的差别。主流咖啡和精品咖啡的重大差异体现在：两者推动自身发展的因素有所不同。对于主流咖啡来说，经济和利润率标准优先；而对于精品咖啡来说，咖啡的可追溯性和稳定性标准则更为优先。

　　在主流咖啡的生产技术依然无法达到主流咖啡的标准时，其他咖啡早就已经把了解整个咖啡生产线作为自己的任务。整个咖啡种植产业链的各个环节的稳定性得以保证，要多亏生态、农业环境得以维持，咖啡生产地受到保护，生产商和消费者之间有保持交易平衡的意愿等因素。

　　咖啡产业主要受七大因素左右：咖啡种植者、加工处理师、精品咖啡猎人、新运输方式、品鉴师、精品咖啡烘焙师和咖啡师。这七大因素分享同一条路线图，并和最终的汇合点，也就是品鉴师相连。是否懂得品鉴也是精品咖啡和主流咖啡之间的一大差别。这种差别确保了质量、尊严和最终的回报。咖啡师是贯穿其他六个因素的最终环节，是精品咖啡生产链中最稳固的基石。

　　早在1978年，艾尔娜·克努特森就已经在蒙特勒伊呼吁，要为咖啡生产商之外的其他环节腾出空间，以确保精品咖啡最终能够进入消费者的口中。涉及其中的其实只有烘焙师和咖啡师。精品咖啡市场开始登上世界舞台。从在蒙特勒伊的第一次演讲到现在，40多年过去了，精品咖啡市场的发展速度已经超过了主流咖啡市场（年均10%与年均2.50%）。

　　这一切要归功于最开始就规范的咖啡产地。没有土地的改善，一切就都不会发生。咖啡豆的品质取决于土地的生态质量和营养含量。土地的贡献至关重要。土地的身份证明包括专属于这个地方的土壤、气候、海拔、生物多样性，甚至还包括风向。就算种植的品种丰富，但只要该地海拔条件不佳或土壤贫瘠，就不会有超出预期的结果出现。要种植咖啡，首要考虑的因素就是合适的土地。

第一大因素：咖啡种植者

　　咖啡种植者的作用不仅在于确保咖啡树的健康，还要完善对整个森林的管理。引入有大片树荫的树木对种植咖啡树来说是必不可少的准备工作。如果土地朝向比较适合，认真选择要被修剪

瓜亚布种植园示意图 ▶

唐·埃弗兰·多纳多，
格洛丽亚·蒙特内格罗，
危地马拉

2%

市场份额

这是精品咖啡在咖啡市场上所占的份额。

1978

年

在蒙特勒伊的一次讲座上，艾尔娜·克努特森阐明了重视精品咖啡生产链上的其他环节的重要性。

5000

棵咖啡树

如果在阳光充足的地区每公顷能种植5000棵咖啡树，那么在有树荫的树林里每公顷就只能种1400棵。

哥斯达黎加咖啡种植者 ▶

克里斯托弗·阿尔皮扎尔

的树枝，可以让早上的阳光顺利穿过树荫。咖啡种植者还会往种植园里引进一些天然的品种，以更好地为咖啡树提供营养，而如何为一片沃土选择合适的品种，就需要生物学家多年的研究、观察和陪伴了。选择适合当地小气候的品种，是咖啡树顺利生长、繁殖、保持健康的条件之一。种植咖啡树前，需要先建一个苗圃，通常要建在靠近水源的地方，因为小树苗必须经常浇水。种植、移植、栽种、浇水都是很耗时间的小事，在这些小事上付出的努力直接或间接地影响着土壤表层长出的东西的质量。在树

林里培育幼苗会降低种植园的密度：如果在阳光充足的地区每公顷能种植5000棵咖啡树，那么在有树荫的树林里每公顷就只能种1400棵。生产者需要密切关注树荫，因为生态农业是种植园可持续发展的十分关键的一环。当然，生态农业也并非决定咖啡品质的唯一因素。

咖啡的收获期是一个微妙的时刻。因为靠近赤道的热带地区四季不太分明，一棵咖啡树可能在一年内会经历好几次开花期，所以，在同一棵树上，我们可以找到处在不同成熟阶段的咖啡果。挑选咖啡果是一个必不可少

的步骤，因为咖啡果的成熟度会影响咖啡最终的口味。一颗未成熟的咖啡果会带来苦味，而精品咖啡则需要将刚从咖啡树上摘下的咖啡果马上送到处理站，以最大限度地保存咖啡果的潜力。采摘咖啡果有好几种可行的方法，机械采摘法是主流咖啡种植园里（特别是在巴西）经常采用的方式。

成串剥离这道工序可以手动完成，也可以靠机器完成。成串剥离会一次性从咖啡树的树枝上采摘下所有的咖啡果。这是一种经济节约的方法，但由于采摘过程中并没有进行挑选，采摘下来的咖啡果的质量参差不齐，这会影响咖啡的品质。

手工采摘是收获精品咖啡果的唯一方式，需要先肉眼判断，再用手采摘处于最佳成熟期的咖啡果。这种方法成本高昂，每收获一棵咖啡树，就需要进行10次这样的工序。这为咖啡带来了真正的质量保证，也是唯一受到名品咖啡认可的方式。当然，手工采摘出的咖啡果的价格是不可能和机械采摘的咖啡果的价格相同的。此外，收获的日期也要考虑在内，因为要考虑到在收获季期

▲ 收获的成熟咖啡果

克里斯托弗·阿尔皮扎尔

▶ 阳光下晒干的咖啡果

克里斯托弗·阿尔皮扎尔

间发生的重要变化，以及这些变化给发酵或干燥带来的影响。我们不能把不同收获期、不同烘焙日期的咖啡豆混合。

为了创新，一些生产者根据咖啡果成熟的三种程度确定了咖啡果的收获时期：完全成熟（红色咖啡果）、过熟（呈现出紫色的咖啡果）和接近风干的果子（这能增加咖啡果的香气）。尽管早在16世纪的也门，人们就已经有了这三种成熟度的概念，但在今天，我们依然会对这种已经成功了的方法提出新的看法。

在每个阶段，生产者身边都有一个数量不等的团队包围着。一位生物学家负责分析土壤，而种植工、修剪工、采摘工、季节

临时工的人数则需要根据种植的面积按比例而定。除了生产者自身的技术外，品鉴师也必不可少，因为要了解生产出的咖啡豆的味道，就意味着要把品尝实验室引入种植中心。新一代咖啡生产者非常了解这一原则，他们在这方面取得了杰出的成果，并在数场比赛中摘金夺银。

第二大因素：加工处理师

　　"加工处理师"这个词来自"加工处理厂"，这个词现在在拉丁美洲被翻译为"beneficio（利益，好处）"。加工处理师必须不断积累自己的技术和感官知识，他所负责的流程是将咖啡果变成金子般的咖啡豆，以便发货。因此，加工处理师需要完成的工作有分离、干燥，且需要确保能准确找到适合每种咖啡的发酵程度。

　　在一家咖啡果加工处理厂里，咖啡果的加工处理有四种主要方法：水洗法、半水洗法、日晒法和蜜处理法。

水洗法

　　收到采摘下来的完全成熟的咖啡果后，人们会将它放入一个旋转的去皮器里，去除咖啡果的果皮。被去除了果皮的咖啡果上还会附着一些黏稠、含有杂质的胶质物，这时要将这些咖啡豆放入装满水的大桶里。这些胶质物和水作用，完成发酵的时间是8~30个小时，具体时长取决于当地的气候。发酵过度会破坏咖啡豆的质量，使最后煮出来的咖啡

◀阳光下晒干的咖啡果

哥斯达黎加，

克里斯托弗·阿尔皮扎尔

危地马拉一家咖啡果加工处理厂▶

的味道不尽如人意。

然后，这些咖啡豆被倒入自来水水道里。水道里的挡板会将太轻的咖啡豆（被另一个寄生的咖啡豆吸走了过多营养的次品）和最重的咖啡豆（也就是质量最好的咖啡）分开。干燥工序一般在水泥庭院里进行。人们每天都会把咖啡豆耙平，直到咖啡豆的湿度降到12%为止。此时，咖啡豆上还保留着一层薄薄的外衣，它们需要被放置至少一个月。

半水洗法

这种方法的各个步骤都遵循水洗法的步骤，因此需要的设备也是一样的。半水洗法区别于水洗法的唯一之处在于，用于发酵的木桶里不装水。

日晒法

树上已经成熟的咖啡果被采摘下来后会带皮倒在水泥庭院里，也就是有网格的"非洲床"

（有一定隔空高度，且能给咖啡豆周围提供空气循环的设施）里，或者倒在铺了红土的空地上（比如有也门风格的建筑物里）。咖啡豆干燥需要15~20天，并且每天都需要进行耙平，以确保最终咖啡豆的湿度能降到11%~12%，轻轻一摇，咖啡果的果皮就会脱落。这种办法在节约用水的同时还能保留咖啡豆原本的一些味道特征。

蜜处理法

这种方式能让咖啡果在剥离和干燥的时候跳过在木桶里发酵的阶段。咖啡果上如同蜂蜜一样

的胶质物会渗进咖啡豆里，增加咖啡的甜度。放置一个月后进行最后一步（也是每种加工处理方法都要进行的一步）——去掉咖啡豆薄薄的外衣，并把咖啡豆放进容器，准备出口。

这几种方法前期都需要进行大额投资。尤其是水洗法，需要一家拥有剥离机、分拣机、干燥机和去衣机这一整套设备的工厂。这套设备价格非常昂贵，但也可以在很大程度上让生产者实实在在地把控自己咖啡豆的质量。然而，不是每个生产者都能具备这样的加工处理设备，所以他们

只好找人代办。这种做法的缺点是，生产者会面临眼睁睁地看着自己的咖啡豆被胡乱地和别的咖啡豆混合在一起的风险。买不起机器，也无法在自己的种植园里进行加工处理的生产者占大多数，他们只能把加工处理外包给邻近的种植园、批发商或出口商提供的加工处理厂。想要把控好咖啡的质量，需要咖啡生产者和加工处理师的携手合作。

第三大因素：新因素——精品咖啡猎人

精品咖啡猎人在进口商、烘焙师和生产商之间建立起了联系。咖啡猎人必须了解消费者的口味和咖啡原产地的情况，他们在精品咖啡的一小部分市场上，已慢慢地取代了咖啡批发商、出口商的地位。

如果说商业咖啡出口商追求的只是大量出口某种具有稳定特征的、口味相似的咖啡，那么精品咖啡猎人则是要寻找更有代表性的、具有差异性特点（比如口味和香气）的咖啡；如果说传统的出口商是根据国别标签（比如哥伦比亚咖啡、巴西咖啡）

外衣

去掉果肉的咖啡豆有一层薄薄的米色的膜。我们用旋转分拣机，通过不断摩擦把这层膜去掉。

来定价的，那么在精品咖啡猎人的眼里，每个咖啡生产国都有可能生产"世界上最好的咖啡"，他们的标准多元且不会一刀切。精品咖啡猎人寻找的是全新的或者屡获殊荣的咖啡。他们工作的重点在于和生产者建立可持续的关系，可能的话，还要和生产者一起品味咖啡，以期细化他们的评价。精品咖啡猎人会对咖啡种植园进行一次技术和人员审核，监督咖啡果的收获和加工处理过程。他们清楚相关的农业和技术标准，能保证咖啡生产的质量，因此也就成了咖啡生产者长期的经济和技术盟友。

我认识两个已经成为世界咖啡猎人的法国人。一个是酒店酒务总管，现在享誉盛名的"卓越杯"评委会委员；另一个是世界

冠军级的咖啡师。她们的法式咖啡品鉴方式征服了不少希望感受世界上最好的咖啡的烘焙师的心。

第四大因素：新运输方式

进口咖啡的运输量是巨大的。每年有500000个海运集装箱是专门用来运送咖啡的。世界领先者——法国达飞海运集团，拥有一支能装载350000袋咖啡豆的集装箱舰队。常用的集装箱能装载各种商品，包括60千克规格的袋装或散装咖啡。但是仅占世界咖啡市场2%的精品咖啡却要求在运输过程中，有能满足昂贵的精品咖啡的温度（低于20℃）和湿度（理想情况为40%）要求的运输条件，这样才能保证精品咖啡能以最理想的状态到达目的地。装精品咖啡的袋子越来越小，包装还受咖啡原产地的一系列规定的限制。空运也是一种可行方式，但是空运的价格是按千克来计算

**对带着外衣的咖啡豆
进行干燥处理▶**

克里斯托弗·阿尔皮扎尔

◄ 出口前的粒装咖啡豆

克里斯托弗·阿尔皮扎尔

▲ 能装11.4千克咖啡豆的麻袋

的，这会大大增加咖啡的成本。传统集装箱的隔板是钢材质的，耐用且非常轻，能为装有10000个标准集装箱的船减重550千克。使用这种集装箱可以每天节省1~2吨燃料，也就意味着能降低二氧化碳的排放量。集装箱使用的油漆是不需要溶剂的，因为溶剂由能挥发出不利碳化物的有机化合物生成，会被咖啡豆吸收。

由于对新兴的精品咖啡市场很感兴趣，美国路易斯安那州的一家小公司（原本是海上贸易集装箱生产的专家）开始着手制造一种用于精品咖啡运输的"保温箱"。

第五大因素：品鉴师

专业品鉴师（也叫"质量评级员"或"认证品鉴师"）要具备非即兴创作的、经过长期训练积累的技巧。首先要有一个介于调香师和侍酒师之间的灵敏的"鼻子"，其次是具备必要的感官工具，来欣赏每种咖啡内在的特征，识别它们特有的香气。优秀的国家级品鉴师能够识别出每种咖啡的原产地、制作工艺乃至储存条件。要想实现最佳品鉴，必须对每个咖啡样品进行准确记录：国家、地区、种植园、海拔高度、咖啡树品种、咖啡果的收获日期、咖啡果的加工处理过程。专业的咖啡品鉴师必须遵循精确的礼仪规定。根据这个规定，任何一步、任何一个容器都

▲ 烘焙的不同阶段

▲ 品鉴咖啡

是至关重要的。

要品鉴的咖啡样品必须提前48小时进行烘焙。而在正式品鉴之前，还要准备好以下物品：

• 1个装有咖啡粒的200克规格的船形托盘

• 1托盘已经烘焙过的咖啡豆

• 1台研磨机

• 1台天平

• 1块秒表

• 每个样品要有2~3个专业品鉴杯

• 圆底的品鉴勺

• 几杯热水

• 1把带温度计的水壶

• 一些品鉴资料

为了测量咖啡样品的均匀性，我们要先观察咖啡豆，然后评估烘焙的质量。咖啡豆应该是有珠光的，既不油腻，颜色也不深。品鉴师首先会称一下（烘焙过的）咖啡豆，每杯12克，然后迅速进行研磨，之后比较粗略地品尝一下；与此同时，要把过滤的水加热到90℃。水的质量也至关重要，因为最后制作出来的咖啡中98%都是水！

品鉴时，先闻一下研磨后的咖啡粉，然后往里面倒水（200毫升）。呷一口产生的泡沫，再等3~5分钟。在此期间，上面会形成一种"痂皮"。之后，品鉴师把用于品鉴的勺子垂直放入杯中，把鼻子靠近杯子，来来回回几

次。感受研磨出的咖啡粉末、冲泡时形成的泡沫和水与咖啡粉的融合是品鉴的三个嗅觉阶段。用勺子去除在表层形成的泡沫，开始味觉阶段。品鉴师咬紧牙关，把勺子放在下嘴唇上，啜一口，他可能已经感受到味道的冲击（酸度）和甜蜜了。他的口中发出响声，做出"嚼"咖啡的动作来感受咖啡的触感。我推荐一口吞下咖啡，实现一次实在的、对感官的细腻刺激。

自从发现精品咖啡以来，品鉴师也随之兴起。这份职业由美国精品咖啡协会通过其子机构品质咖啡协会（CQI）开发并进行了制度化。从15年前到现在，优质

▲ 根据规范手册来品鉴咖啡　　　　▲ 烘焙机

咖啡学院已经培训出了4000名质量评级员，这些评级员的评级可以作为参考并得到买家的认可。优质咖啡学院已经成了精品咖啡的认证机构。

第六大因素：精品咖啡烘焙师

精品咖啡烘焙师更像是一个金匠，而不是一个工业家。他需要深入了解咖啡豆的性质，轻轻触摸才能"记住"咖啡豆的颜色、密度、湿度；他还要知道种植咖啡豆的地区，知道决定咖啡豆密度的海拔高度和对咖啡进行加工处理的方式，要了解所有这些能影响烘焙配置的参数。手工挑选和分类过的精品咖啡大大简化了烘焙师的工作，他们无须提前拣出掺杂在内的小石子，也不需要挑选未成熟的咖啡豆。

烘焙师的烘焙手册能让他更好地了解咖啡豆的反应。他知道自己要怎样处理才能让咖啡充分表达自我。一开始就出现"噼里啪啦"的声音意味着咖啡的密度较小，或者咖啡豆"太硬了"。

最受尊重的、能确保咖啡豆品质的精品咖啡烘焙方式是手工烘焙。这是一种通过间接而频繁的加热来对咖啡豆进行烘焙的方式。烘焙温度近200℃时，把咖啡豆放入烘焙炉中开始烘焙。然后开始降温，到120℃左右时再次慢慢提高温度。

咖啡豆的转变开始于咖啡豆12%的水分蒸发之时。当水分越来越少时，水分子会向外迁移，同时把附着在咖啡豆上的米色的膜分离出去，这就是美拉德反应。从咖啡豆出现香气开始，到咖啡的温度达到近170℃时，会听到第一次"噼啪"声。根据咖啡的种类，声音或强或弱。也就是在这一刻，咖啡豆出现了物理反应。根据规定，咖啡豆的烘焙时间在18~22分钟，需精确到秒，必须严格遵守烘焙配置要求。无论如何，咖啡豆中的油脂都不能穿破咖啡豆的表皮。一颗油腻的咖啡豆意味着整个烘焙过程的失败，之后煮出来的咖啡也不再有

美拉德反应

美拉德反应是指糖和氨基酸发生反应。这种反应会贯穿在整个烘焙过程中，并改变咖啡豆的颜色、味觉特征和嗅觉特征。这和我们在烹饪肉类或者面包时看到的现象相类似。

香味。咖啡豆的转变赋予了烘焙十分重要的地位：糖分变成了焦糖，产生了850多种新成分；氨基酸降解，并生成了不同数量的噁唑和吡嗪；咖啡豆变大，重量减少，颜色也发生了改变，从蓝绿灰色变成浅米色，最后是泛着珠光的棕色。烘焙之后，咖啡豆里会含有一种从煤气中产生的物质，这种物质会在随后的时间里蒸发掉。烘焙后的咖啡豆可以在第二天享用，在第三天左右冲制成咖啡饮品，此时咖啡的品质是最好的。

第七大因素：咖啡师

咖啡师就是咖啡的炼金术士。作为艺术家、侍酒师和调酒师的综合体，咖啡师是全世界消费量最高的饮料的服务员。他的作用就是让公众发现咖啡的潜力和微妙之处。咖啡师也是咖啡生产链中的一环，连接着咖啡业余爱好者和咖啡专业品鉴师。咖啡师是了解研磨机、浓缩咖啡机和烘焙方法的专家。不管怎么说，咖啡师都是一位优秀的、能够判断他烹煮的咖啡的品质的品鉴师。

咖啡师这个职业是最近才出现的，以至于在职业工会上还没有入册。不仅在字典条目里没有出现，酒店管理学校也尚未开设与咖啡师职业相关的课程。多亏了一些咖啡专业学校和国际咖啡比赛，咖啡师的地位才开始一点一点地在社会上树立起来。在巴黎咖啡馆里，负责烹煮咖啡的人中只有0.03%的人是训练有素的咖啡师。然而由于咖啡消费国对咖啡店越来越热情，生产咖啡的国家也越来越多，咖啡师依然是个很有前景的职业。我们必须承认，是精品咖啡协会让咖啡师这个职业得以发展，给了咖啡师最好的展示和沟通的机会。该协会还为建立咖啡质量标准付出了很多努力，每年的咖啡师锦标赛对世界精品咖啡来说也越来越重要。

世界咖啡师锦标赛是精品咖啡协会组织的一项年度竞赛，各

国成立赛区，每个赛区角逐出的冠军，之后再争夺世界冠军。这场比赛的冠军是所有咖啡界专业人士的目标，就像杰作大奖在手艺人心中的地位。不幸的是，在法国，每年只有很少的候选人能够角逐冠军。

在酒吧、咖啡馆、酒店和餐馆里，有一些非专业的咖啡烹煮师。他们从未接受过咖啡方面的培训，即便他们每天可以卖掉10千克的咖啡豆。这些烹煮师不太了解咖啡机，操作也仅仅是表面工作。每天早上，他们都会把这一天需要的浓缩咖啡全部研磨出来。牛奶喷嘴没有清洗，浓缩咖啡的流速要么太快，要么太慢，过滤器支架生出了铜锈，所以煮出来的咖啡的表面会出现一层淡黄色。这些浓缩咖啡的含水量高，挤出的奶油周围就会形成一个黑色

的圈，出现令人沮丧的苦涩。

努力的意义

咖啡的业余爱好者、专业人士和消费者将这几大因素联系起来，并为这些新出现的职业赋予了意义。消费者们越来越有经验，因此要求也越来越高，他们会为精品咖啡生产链和追求咖啡品质的方法提供支持。不管是在巴黎、旧金山、悉尼还是在东京，这些咖啡美食家们，都准备以公示出来的价格支付他们点的咖啡豆或饮料。摩卡港的咖啡获得了一次真正的成功，价格为每120克48美元。咖啡美食家们非常细心地品尝自己的咖啡，有人为此专门设计了一些智能手机应用程序，比如天使杯（Angel's Cup），来适应这一潮流。他们还会用更适合的方式烹煮自己的咖啡。

我们目睹了过去12年咖啡会所的变化。在2005年，公众对我们像喝葡萄酒一样喝咖啡还很惊讶；今天，我们已经接待了不少只买咖啡豆，想要在自己家烹煮咖啡的人。在曼哈顿，家里雇一位咖啡师是很时髦的。而与此同时，越来越多的咖啡业余爱好者们正如在凡尔赛宫的路易十五一样，会在家里建造一个真正的咖啡作坊。如今，咖啡的过度消费正在促使一些人去追求卓越，追求精挑细选保证的品质。但精品咖啡并不一定就意味着它会成为奢侈品。

"咖啡师是人和机器的'融合'。他们掌握着机器的科学和咖啡的魔力之间的相遇。咖啡师是品味的艺术家，是一个用自己完美的姿势来升华艺术、科学、文化、仪式和咖啡带给感官的快乐，并追求完美的人。"

——卢卡·莫奇，咖啡师

爱上精品咖啡的实业家

菲利普·卡萨斯的故事

菲利普·卡萨斯在咖啡生产国度过了一年时间，那儿也是故事开始的地方。他花了一年的时间，走遍了哥伦比亚、秘鲁、巴西、越南和印度尼西亚，就为了"睁开眼睛并继续学习"。这种经历以与合作商、生产者或者咖啡师进行交流的方式实现。他参与收获，学习农学准则，还要现场培训生产者来提高自己品鉴咖啡的能力："一些令人难以置信的、令人震撼的相遇给了我很大的启发，也指引着我继续去追寻我的理想。"

精品咖啡，个人定义的尝试

精品咖啡的背后隐藏着很多东西……有定义、规则、客观性、主观性、意图、价值观、梦想等。

精品咖啡，仅仅是一个等级吗

我们可以根据美国精品咖啡协会的标准来定义一杯精品咖啡，也就是那些能符合某些物理和味道标准，且最终评级分数达到80分（满分100分）的精品咖啡。只有获得认证的人员才可以评分。对于精品咖啡，我们不谈论咖啡制作工艺的质量，也不谈论咖啡的回报或价格，而是按杯来评价咖啡的品质。然后，一个简单的问题出现了：怎么才能制作出一杯能达到这种水平的咖啡呢？为了制作出一杯质量更好的咖啡，从咖啡果还长在咖啡树上开始，一直到咖啡豆经过烹煮成为杯中的饮料为止，整个过程都需要更多的关注，也就意味着要有更多的方法、更多的监控和更

多的投资。融资能力、回报率和有效期的限制，则因此贯穿了咖啡生产链的每一步。

品质和投资

对于咖啡生产者或合作商来说，这项投资可能会成为逃避咖啡售卖系统并且走出去的大门。因为在传统的售卖系统里，咖啡的市场价格面临的压力往往非常大。与此同时，这种投资也意味着风险，因为尽管付出巨大的努力，也可能出现收成不好的情况。要怎么做才能维持这个长期投资呢？风险又要如何共同承担呢？用于改善生产质量的支出能很快得到回报吗？在过渡阶段，如何让生产者耐心等待呢？又要如何确保经过精心培育生产出

来的咖啡，在实际售卖中能卖出更高的价格，而且生产者又能实实在在地从中获益呢？

在理想和现实之间

在咖啡生产国，见过很多咖啡利益相关者后，我对他们关于

种更直接、更人性化的关系。""这也间接地激励人们关注我们的种植园和环境。"当然也有一些批评的声音："有时候我们很难找到买家。""我永远无法按照这么高的品质水平来完成100%的生产。每个农场都有一些有缺

比较高的回报。这就是必须对精品咖啡的几大要素保持警惕，以确保能一直与公平、可持续和负责任贸易的价值观保持一致的原因。

保持密切而持续的伙伴关系

对于一个拥有的种植面积不到

金资助的中部咖啡和可可协会就会帮助生产者建立合作社组织，并对生产者进行培训：优化方法、质量控制、核算、贸易以及如何制作一种特别的咖啡。这很好，但仍然要确保能卖出去。大家还尚未具备推广自己的咖啡、找到合适的合作伙伴的能力，因此，这可能会导致他们出现沮丧或失望的情绪。

这种允许生产者进入精品咖啡市场的商业和市场支持，也并不常见，特别是对那些小生产者来说。那么，要怎么做，才能让位于秘鲁的一个小型合作社和潜在买家之间建立起联系呢？要怎么做才能让买家同意建立起长期的合作关系呢？面对这类高品质咖啡的买家实在有限（和所谓的商业咖啡相比）的事实，有些时候，竞争也可以变得很残酷。在消费国，精品咖啡协会和其他组织为推广精品咖啡，付出了相当大的努力。如果有更多人喜欢精品咖啡，那么对咖啡生产国来说也就有了更大的销售市场。我们要提高教育水平，要热情分享，来确保这个行业能继续成长。

就我个人而言，我对精品咖啡有着明确的偏好。但是，如今，是否每个人都准备好支付精品咖啡高昂的费用了呢？在法国，95%以上是所谓的商业品质的咖啡。在一个价格和促销引导购买行为的市场里，又要怎么去说服一个消费者定期购买12欧元/250克的咖啡，而不是超市里2.5欧元/250克的咖啡呢？在以十几欧的价格就能买到速成咖啡机的情况下，又要怎样说服消费者去研磨自己的咖啡或买一台咖啡研磨机（有时价格可以高达几百欧元）呢？

有一件事是肯定的：只有通过教育，通过分享我们的热情，让人们发现咖啡的财富和多样性，才能让消费者们迈出一小步，才能让咖啡的所有利益相关者从中受益。葡萄酒已经赢得了这个赌局，是时候让咖啡也来做同样的事了。

咖啡学

咖啡学是一门服务于业余人士、专业人士和好奇大众的学科,能教会他们更好地了解他们每天所喝的饮品。喝咖啡不要一饮而尽,而要慢慢品尝:这是一种慢节奏的感官实践,可以运用到所有咖啡的品尝中。当然,我们对这些咖啡的热情还是有差别的。

成为咖啡学家

"咖啡学是视觉、嗅觉和味觉品尝的，以法定原产地命名精品咖啡的艺术。"
这是一种经验积累，能够让我们不断开发自己对咖啡的分析能力。

咖啡学是一门艺术

咖啡学反对大口啜饮，需要每位品尝者坐在放着咖啡杯的桌子前，默默地回忆，花点必要的时间让咖啡去表达自我，让它自由发挥。

品鉴

品鉴咖啡，不是单纯地坐在柜台的一角，喝下一杯咖啡，而是要品尝、品味。这是一种带着好奇心的、能调动所有感官的行为。咖啡学是品尝咖啡的艺术。

视觉

当我们了解了咖啡的所有颜色时，咖啡学就会把我们带到很远的地方：绿色的叶子，红色的咖啡果，玉白色的裸露咖啡豆，闪着珠光的、栗色的、烘焙后的咖啡豆，流出来的泛着金光的咖啡饮料。眼睛必须时刻感知每个阶段对应的颜色。咖啡学是视觉品尝咖啡的艺术。

嗅觉

咖啡挑战着我们的鼻子。这种土地调制出来的"鸡尾酒"，能够让其他所有可能和它竞争的气味消失。咖啡粒的味道是植物性的。在流逝的烘焙时间内，咖啡有一千种表现方法。另外在研磨的时候，那是一种甜蜜的爆炸。水又带来了一个新启示：我们把这个时刻称为"绽放"，因为咖啡就像一朵要开的花儿一样在我们

格洛丽亚·蒙特内格罗在品鉴咖啡 ▶

贝尔特朗·塞尔福艾斯，2014年

面前绽放。咖啡学是视觉和嗅觉品尝咖啡的艺术。

味觉

小小地呷一口咖啡能够刺激我们所有的味觉要点。口中感受到的酸度在上颚激起了一种无尽的延伸感——我们的味蕾被唤醒了！随之而来的甜蜜如甘蔗，如蜂蜜，如花酒，令人着迷。嘴里还能感觉到咖啡的质感：宛如天鹅绒般柔滑。这种平衡令人安心，像普鲁斯特曾描述过的回忆那样，仿佛在时空中遨游。咖啡学是视觉、嗅觉和味觉品尝咖啡的艺术。

精品咖啡

我们品尝的咖啡只能是那些一开始就合乎规格的咖啡，遵循规格生产出来的咖啡才能变成潜在的精品咖啡。而这其中的标准，可以通过随附在每个样本里的文档表被评估出来。所有这些要素都能让我们更好地了解咖啡。

咖啡学是视觉、嗅觉和味觉品尝精品咖啡的艺术。

法定咖啡原产地

咖啡学有一条法则：只处理具有一定可追溯性的精品咖啡。这是一条17年前就存在的，从未被背叛过的黄金法则。土地（也就是土壤、生物多样性和咖啡种植者的组合）能决定一杯咖啡的轮廓。这是咖啡学的假设，这个假设在每次品尝咖啡时被证实。咖啡学认为咖啡产地有自己的名字非常重要。一方面，这个名字是种植园的名字；另一方面，这还是个生产者选择的名字，是出产地区和国家的名字。不幸的是，这样的命名方式，现在在咖啡生产国仍只处于孵化阶段。

咖啡学是视觉、嗅觉和味觉品尝的，以法定原产地命名精品咖啡的艺术。

七大特质靶环

一杯原产地精品咖啡散发出的"味觉光芒",激发我们创造出了一种新型品尝方式,我们将其命名为咖啡的七大特质靶环(借鉴了某种大众图版游戏)。

让你学会品尝咖啡的游戏

香气、品相、第一感受、甜度、浓稠度、平衡和余味,每种特质都对应咖啡特质靶环的一块扇形区域。这个靶环能把在品尝咖啡时反复出现的所有香气和味道融合起来。在能够构成咖啡香气的850种香氛分子中,只有某几种香氛得以被选中。这些香氛被按照科别进行了分类:柑橘香、花香、水果香、谷物香、坚果香、浆果香、香料香、烧烤香、植物香、木香、动物香、矿物质香,还有各自的亚科。

游戏规则

1.按照你自己的方法,烹煮一杯原产地咖啡。

2.浏览一遍这个七大特质靶环,然后开始评分。对于品相、第一感受、甜度、浓稠度、平衡,评分从0到12分;对于香气和余味,评分从0到20分。

3.在这个靶环上,用直线把每一特质的评分连接起来,然后,你的这杯咖啡的特质轮廓就出来了。

4.把你评出的各项分数进行求和,这样,你就会知道你品尝的咖啡的级别了:特级咖啡(90~100分),一级咖啡(80~90分),精品咖啡(70~80分)。

5.在芳香度盘里,找出和你的咖啡香气相匹配的香味科及其亚科。

6.在咖啡学词汇表里,找出一个或多个形容词,来为咖啡最具代表性的一项特质做出评价。

7.尽情地用各种赞美的词来描述一下你的咖啡的几大特质吧!让你的感官记忆大门尽情地敞开。

七大特质靶环

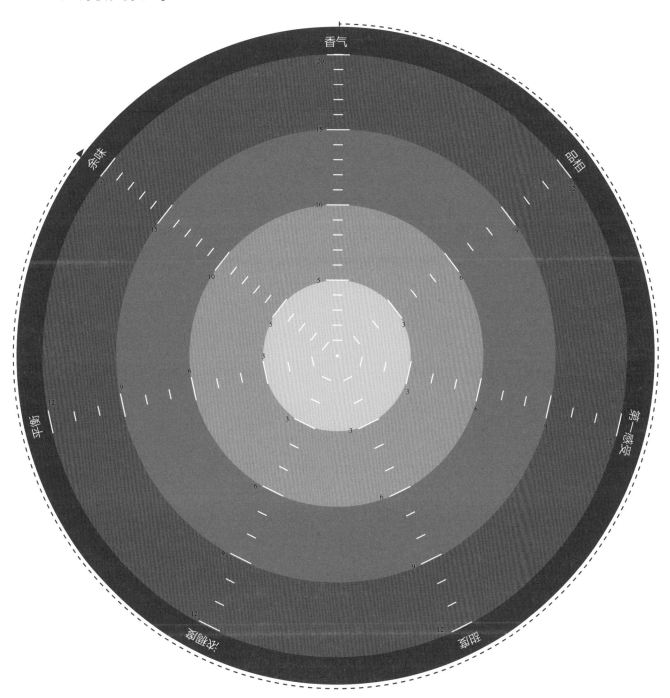

香气

品相

第一感受

甜度

浓醇度

衡度

余味

评分标准

香气（20分）

咖啡要闻三次（如果可能的话，先是在刚研磨出干粉时，然后是在冲入热水后形成的泡沫时，最后就是在水和咖啡充分融合之后）。请专心地闻一闻：你闻到了什么？怎么定义这些香味？你能把它们和某段回忆联系起来吗？气味越是浓烈、怡人和精确，那么最终的评分就越高。

品相（12分）

这是咖啡的视觉效果，是烘焙过后的咖啡豆的同质性特点（它们是否光滑、明亮、泛着珠光？）以及粉末和水融合之后呈现的外观、颜色。

以下就是例子。

如果是高分的话：

对浓缩咖啡来说，会有带斑点的棕色覆盖在表面，这就是一杯上等的、十分珍贵的咖啡；

对法式压滤壶煮出来的咖啡来说，颜色呈清澈的棕色，还泛着金光或洋槐的颜色。

如果是低分的话：

对浓缩咖啡来说，颜色太浅，奶油太细；

对用温和的烹煮方法煮出来的咖啡来说，颜色太浅，像"洗完袜子的水"，或者太深。

第一感受（12分）

理想的口中冲击表现为一种短暂的伸展感和一种新鲜、干净的感觉，在舌头的两侧，也就是味蕾最丰富的地方最为明显。此外，我们还能够感受到酸度。这是能打开上颚感官的一种特质，让上颚成为味觉的中心。

比较好的第一感受：

苦涩感会短暂地出现。

糟糕的第一感受：

持续的苦涩，让人表情扭曲。或者是完全没有味道，几乎透明，这是一杯没有个性的咖啡。

甜度（12分）

甜度击中位于舌头两边的味蕾。这是精品咖啡最明显的特质。糖、蜂蜜、鲜花或水果带来的甜蜜让这杯咖啡的分数大增。与甜蜜相对的就是苦涩，苦涩不是一种优点。

浓稠度（12分）

从触觉上丰富咖啡的味道。理想的咖啡口感是一种天鹅绒般的感觉，能延伸到上颚周围，喝下去一口，就仿佛在口中滑动一般。只有咖啡果经过缓慢的成熟和咖啡师的提取，这完美的口感才能得以实现。质感可能是天鹅绒般的（最高分）、柔滑的，也可能是扁平的（低分）。

平衡（12分）

这是咖啡在口中达到的一种和谐状态：口味、香气和浓稠度之间的完美平衡。平衡意味着结构完整。如果能感受到和谐，那么这杯咖啡的分数就高；反之，不和谐的感觉则会导致评分不高。

余味（20分）

和葡萄酒一样，品尝咖啡的时间长短要用欧缇丽（葡萄酒的口感持久度的计量单位）来衡量。伴随着香气，很多旧时的感受一一涌现，香气留在嘴里，愈久弥香。这是一扇能开启记忆的大门——我们那"普鲁斯特的玛德莱娜蛋糕"适合所有人。如果要获得最高分，那么余味持续时间要长，结构要复杂，要能令人愉悦，我们可以从中感受到很多种香料。而如果余味持续时间短或者不明确，那么分数肯定不高。

根据一杯咖啡在每块扇形里得到的分数就可以选择形容词了。如果每块扇形里都是高分，那么说明这杯咖啡能用最高级的形容词来形容。你可以在咖啡学词汇表里找到一张形容词清单，但这份清单并非详尽无遗！这些形容词是咖啡的化身，能赋予咖啡一个灵魂，让它与我们更接近。因此，一杯甜蜜的咖啡将会用"温柔的""深情的""母性的"或"感性的"来表达。如果第一感受这一项分数很高，那么，能用的形容词就有"有活力的"或"新鲜的"。而对于口感这一项来说，可以选择"饱满的"或"阳刚的"。如果说平衡是其最高品质，那么我们可以说这种咖啡是"令人舒缓的""让人放松的"。因此，我们可以说："我品尝了一杯肯尼亚的马萨伊咖啡。这是一杯诱人的咖啡。品相上（咖啡豆加上手冲咖啡壶的烹煮）就很有吸引力（9.5分）。气味强烈而繁复（17分）。而它最明显的优点在于第一感受：清新又干净，给上颚一种清澈的感觉（11分）。浓稠度、平衡和甜度也都有：口感饱满（10分），甜蜜适度（9分），平衡让人安心（10分）。柑橘（橙子）的芳香和香草（罗勒）的香味还余留在口中，它打开一扇门，让我们做起了梦（余味18分）。"最终得分为84.5，因此，肯尼亚马萨伊咖啡就是一级咖啡。

芳香度盘

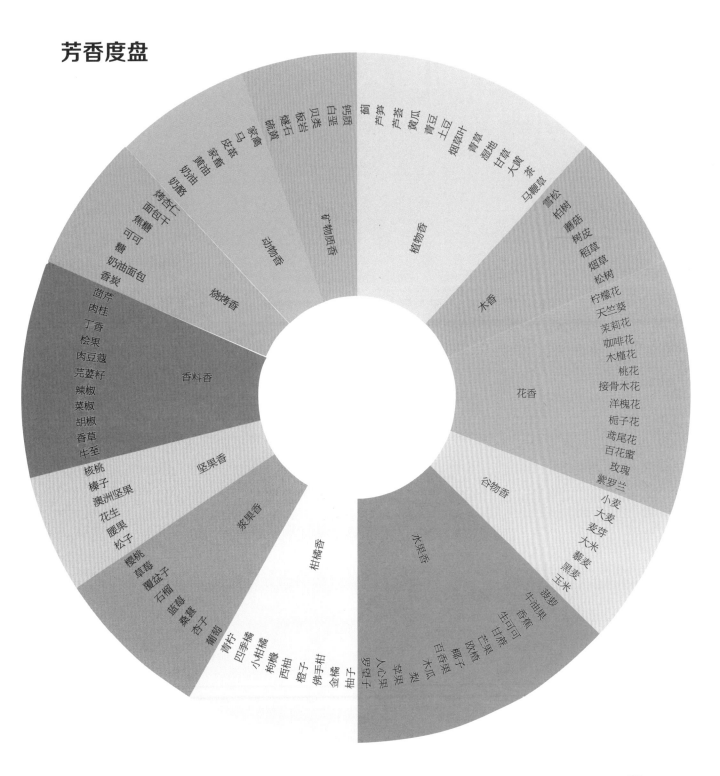

蓟
芦荟
黄瓜
青豆
土豆
烟草叶
青草
湿地
甘草
大黄
马鞭草

雪松
柠檬
蘑菇
树皮
稻草
烟草
松树
柠檬花
天竺葵
茉莉花
咖啡花
木槿花
桃花
接骨木花
洋槐花
栀子花
鸢尾花
百花蜜
玫瑰
紫罗兰

小麦
大麦
麦芽
大米
黑麦
玉米

植物香

木香

花香

谷物香

水果香

柑橘香

牛油果
可可
生可可
甘蔗
芒果
欧楂
椰子
百香果
木瓜
梨
李果
人心果
菠萝
香蕉

子
品
青柠
四季橘
小柑橘
枸橼
西柚
橙子
佛手柑
金橘
柚子

樱桃
草莓
覆盆子
石榴
蓝莓
黑莓
杏子
葡萄

浆果香

坚果香

香料香

烧烤香

茴
肉桂
丁香
桧果
肉豆蔻
芫荽籽
辣椒
菜椒
胡椒
香草
牛至
核桃
榛子
澳洲坚果
花生
腰果
松子

蔗糖
面包干
烤杏仁
焦糖
可可
奶油面包
香炭

鲔鱼头
贝类
矿石
白垩
岩层
蚝壳
黄油
奶酪
奶油
家禽
皮革
麝香

动物质香

动物香

胡物香

135

咖啡嗅觉的创始人

对让·勒努瓦阿尔的访谈

2017年6月

格洛丽亚·蒙特内格罗:

致敬我们伟大的精神领袖!我们将要品尝一杯来自卢旺达吉孔戈罗的尼亚马加贝咖啡。这种咖啡树生长在海拔1935米处,是一群经历战争后活下来的妇女栽种的。她们经受住了品质的挑战。这杯咖啡所用的咖啡豆四天前刚刚在咖啡会馆里经过烘焙,然后以浓缩咖啡的方法进行了烹煮。

让·勒努瓦阿尔:

这杯咖啡有着年轻人的火热!就像一首充满活力、全力释放的神乐!我能看到一位年轻的红发女子,她正在演奏吉卜赛音乐。我被带到了一场在里尔体育场里举行的,由222个合唱团演唱的音乐会上。这杯咖啡很华丽!

咖啡居然也能喝出这么丰富的情绪——火热,华丽,年轻!

格洛丽亚·蒙特内格罗:

我向你表示感谢,因为你创造了咖啡嗅觉,让我们的咖啡会馆能够拥有如此美丽的、用于分析香气的工具,就像葡萄酒嗅觉(也是由让·勒努瓦阿尔创造的)一样。我想听你的经历。

让·勒努瓦阿尔:

一切都要从1996年巴黎的一次侍酒师聚餐开始说起。在那里,我见到了阿拉比卡哥伦比亚股份有限公司沟通部(一家由菲利普·朱格拉领导的,致力于推广哥伦比亚咖啡的组织)的负责人。他邀请我去波哥大,借着哥伦比亚咖啡协会成立75周年和美食图书沙龙之际,去介绍法国葡萄酒。我接受了。我在演讲时向哥伦比亚总统和哥伦比亚咖啡协会提供了一个葡萄酒嗅觉的案例。这次演讲期间的行程安排里还包括了埃赫·泰罗的咖啡种植园之旅。那是我第一次见识到咖啡的各种颜色:咖啡花是白色的,咖啡果是红色的,外衣是米色的,咖啡豆是绿色的。我感受到了土地的力量,这种力量激活了咖啡树。

(咖啡师埃尔文·阿隆索为我们端上了第二杯稀释过的浓咖啡。这次是库普塔莫咖啡,这种咖啡来自喀麦隆巴富萨姆。作为一个100%的爪哇品种,这种咖啡树要种植在海拔1150米的地方。这个地区的土壤是富含玄武岩碎片的火山土,咖啡树生长在树荫下。这个咖啡豆四天前由爱雅雨·卡萨在我们的咖啡会馆烘焙。让闻了闻说:)酸度已经没有了,现在这杯的水和咖啡,融合得比第一杯更好,第一口是甜蜜、坚定,这种味道能让人想起土地、土豆,对,没错,是土

豆的甜蜜。这杯咖啡是保守的,彰显着过去生活富足的女人的智慧。喝着这杯咖啡,我看到了一片祥和之地。如果非要用一个葡萄酒品种来对应的话,那就是布热葡萄酒,因为这种咖啡就如同一个有了一定年纪的工作了一天的农民。

离开哥伦比亚之前,安德烈斯·里奥雷达先生(我非常感谢他,因为是受到他的启发我才提出了咖啡嗅觉这个概念)向我建议创造咖啡嗅觉,就像我之前为红酒做的那样。我回答他说:"现在我就可以做到。"因为当时我身边恰好有一个年轻的实习生,嗅觉灵敏,有化学学位,叫大卫·圭尔蒙佩兹。

一回到法国,我就开始拟定

一份能赋予哥伦比亚咖啡独特香味的典型香气分子的说明。我请求弗拉芒先生帮我列出36个相关香氛分子的清单,这样我们就有了咖啡嗅觉的雏形了。大卫·圭尔蒙佩兹和我将这些分子放入广口瓶里,然后我们出发去了哥伦比亚,和当地的品尝师一起挑选出咖啡的香氛系列中最具代表性的36个样品。这就是"咖啡的嗅觉证人",一个实实在在的实践产物。令人意外的是,我们还发现了咖啡果分子,这是一个重大时刻!不管怎么说,这就是我们已经开始书写的东西。

格洛丽亚·蒙特内格罗:

啊!咖啡嗅觉把咖啡和葡萄酒的距离拉近了。但是咖啡可能仍旧

会对葡萄酒所拥有的品牌、法定产区命名、漂亮的标签和酿酒学词汇感到嫉妒。

让·勒努瓦阿尔:

咖啡无须嫉妒葡萄酒。这是一个文化问题。我们已经在法国做到了。90年前就有人说:"我们得走出去!我们要让别人了解我们的葡萄酒!"我们开始投入工作中——给葡萄园制作细节精确到最小的地图,建立生产者组织、文化标准和土壤分析,创建涵盖多个地区的命名法。咖啡也应该做同样的事。葡萄酒和咖啡都是文化产品。

复古嗅觉，通往模糊记忆的神秘联系

复古嗅觉，和普鲁斯特模糊的记忆经验紧密相连。对所有在品尝咖啡、糕点时幻想拥有一杯纯正的咖啡的人来说，复古嗅觉就是越来越强烈的心理活动。模糊记忆是一种普遍的心理活动。

"正值巴黎令人悲伤的冬季，《追忆似水年华》的作者普鲁斯特一直非常喜欢一种蘸了茶的玛德莱娜的特殊味道，因为这能给他一种似曾相识的感觉。这时他突然回忆起了自己在贡布雷这个外省小城里的童年生活，这是一段他没有故意追求的、被埋在深处的回忆。这种味道带着一种奇妙的力量，能让他回忆到久违的潜意识中。就在那时，他忽然感觉到了一种幸福感。"

对我们影响最大的就是复古嗅觉，它能够让我们停止思考，很自然地把我们"带到别的地方"。在味道词汇学中，复古嗅觉也被称为"内部嗅觉"或"余味"，它和达·芬奇所说的奇迹般的感觉有着相似的特征。品尝每一杯精品咖啡都能让我们感受到它；如果是一杯原产地精品咖啡，这种感觉还会更明确。复古嗅觉是整个咖啡学的基石，它能让我们感受到每一杯精品咖啡中的真实特性。

研究普鲁斯特的专家——罗马尼亚人艾米莉亚·多尔库对我们的这番言论给予了认可，我们必须在这里转述一下她的回应："模糊回忆是一种能让我们重新拥有过去的一个小片段的感觉。如果没有模糊回忆，这个小片段就会无可挽回地永远失去，因为它无法靠智慧激发出来，只有模糊回忆能让过去通过现在的感官一起重现出来，并摆脱对时间流逝产生的焦虑。对于我们来说，这是唯一能抓住事物的永恒本质的，且不会感受到误解的机会。那些我们愿意勾起的记忆为我们重建过去，那些我们不愿意记起的回忆则让我们重温过去并以此来适应。吃一小块玛德莱娜蛋糕就能引发'一种美味的愉悦'，伴随发生的是那被遗忘的童年世界也复活了，何乐而不为？"

在普鲁斯特之前，我们经常把模糊回忆和老年忧伤联系起来，认为这是一种精神疾病。而普鲁斯特却给了它一个新的意义，这是能让我们打开拥有无尽可

蒲公英 ▶

亚丽桑卓·帕萨蒂

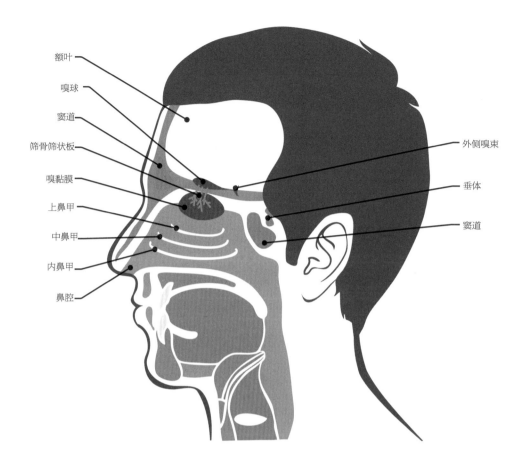

额叶
嗅球
窦道
筛骨筛状板
嗅黏膜
上鼻甲
中鼻甲
内鼻甲
鼻腔

外侧嗅束
垂体
窦道

能的领域的方式。这在某种程度上给感官世界做出了巨大贡献。

因此，复古嗅觉是一种感官，而感官不会欺骗人："sentir（感受）"这个词根和"sense（感觉）"是一样的。感官来自内心，能从内到外地征服我们。复古嗅觉是对一杯咖啡的真实感受。它之所以重要，是因为这对精品咖啡的发展有着重大意义。

复古嗅觉是人类特有的

胎儿在处于妊娠三个月的时候，嗅球就已经由数百万个神经元组成了。嗅球与边缘大脑系统直接沟通（包含着"非自愿的记忆"），而不需要通过新皮层或者理性大脑区域。事实上，这是一小块"暴露"在外部世界的大脑。因此，嗅觉组织会分析、排除，甚至可以根据我们的味觉记忆

做出反应。倾听咖啡，就意味着知道如何倾听咖啡的香气语言。

每次品尝咖啡都会让我们回忆起一个不一样的故事。穿过上颚之门，咖啡消失在了喉咙里，过一会儿咖啡又爬进了"鼻子的秘密沙龙"。这就是复古嗅觉，它已经变成了一个动词！

我们谈论咖啡是为了让咖啡带给我们回忆。我们听过数百个

120
亿

咖啡占据的年市场份额为120亿欧元。

20
亿

每天喝掉的20亿杯咖啡是在以一种特别的方式证明咖啡尚不是精品。

900
万

每年有900万吨咖啡被卖出，而茶叶却不到400万吨。

（也可能是成千上万个）由独特的咖啡讲述的故事。咖啡在回忆方面占据了很大的优势，还有许多形容词可以用来修饰它。这些看起来有趣的、饱含情感的、自发的形容词，都是我们赋予咖啡的。要了解的是，这些形容词能和咖啡一起带给我们感官对应的体验。15年来，我一直在见证着我的学生们在咖啡方面的成长，也正是这种启示，才让他们一直乐于拥抱咖啡这种来自土地的喜悦。

慢慢结束一次咖啡品尝，收集自己的记忆。复古嗅觉就是为了把香味和回忆联系起来，也正因为如此，感受也会非常个人化：每个人都有专属于自己的气味和味道，而且通常和童年相联系。"通过模糊回忆可以得到完全的幸福感。"普鲁斯特写道。

种植园的生物多样性定义了当地咖啡的芳香。咖啡树周围的植物、树下的灌木丛种类、旁边长出的水果以及土壤的情况，都和最后喝到的杯中的咖啡有很大关系。但同时，这也和蜜蜂有关系。这种由泥土的香气编写出来的故事不会改变，就像橙子不会变成巧克力，辣椒也不会变成栗子一样。可以说这个故事是咖啡的身份证。经过某种烹煮方式，咖啡的甜味会被激发出来，而酸度将会借助适当程度的烘焙给上颚一种清新的感觉。

我们还要进一步开启咖啡的感官之旅。一接收到一种咖啡的芳香，记忆就会被唤醒，还能和生活中的味道以及气味"黑匣子"联系起来。一杯精品咖啡的后味可以持续很长时间，当芳香分子到达复古嗅觉组织时，就会寻找有相似味道的记忆。这样就给品尝的人打开了一个专属于自己的记忆世界，情感和想法也就诞生了。这个宇宙可能专属于每个人，但是打开记忆大门的香气有时却无甚差别，因此需要我们来命名。

玛德莱娜蛋糕

这已经是很多很多年前的事了，除了同我上床睡觉有关的一些情节和环境外，贡布雷的其他往事对我来说早已化为乌有。可是有一年冬天，我回到家里，母亲见我冷成那样，便劝我喝点茶暖暖身子。

而我平时是不喝茶的，所以我先说不喝，后来不知怎么又改变了主意。母亲着人拿来一块点心，是那种又矮又胖名叫"小玛德莱娜"的点心，看来像是用扇贝壳那样的点心模子做的。那天天色阴沉，而且第二天也不见得会晴朗，我的心情很压抑，无意中舀了一勺茶送到嘴边。起先我已掰了一块"小玛德莱娜"放进茶水准备泡软后食用。带着点心渣的那一勺茶碰到我的上腭，顿时使我浑身一震，我注意到我身上发生了非同小可的变化。一种舒坦的快感传遍全身，我感到超尘脱俗，却不知出自何因。我只觉得人生一世，荣辱得失都清淡如水，背时遭劫亦无甚大碍，所谓人生短促，不过是一时幻觉；那情形好比恋爱发生的作用，它以一种可贵的精神充实了我。也许，这感觉并非来自外界，它本来就是我自己。我不再

感到平庸、猥琐、凡俗。这股强烈的快感是从哪里涌出来的？我感到它同茶水和点心的滋味有关，但它又远远超出滋味，肯定同味觉的性质不一样。那么，它从何而来？又意味着什么？哪里才能领受到它？我喝第二口时感觉比第一口要淡薄，第三口的滋味更微乎其微。该到此为止了，饮茶的功效看来每况愈下。显然我所追求的真实并不在于茶水之中，而在于我的内心。

我放下茶杯，转向我的内心。只有我的心才能发现事实真相。可是如何寻找？我毫无把握，总觉得心力不逮；这颗心既是探索者，又是它应该探索的场地，而它使尽全身解数都将无济于事。探索吗？又不仅仅是探索：还得创造。这颗心面临着某些还不存在的东西，只有它才能使这些东西成为现实，并把它们引进光明中来。

然而，回忆却突然出现了：那点心的滋味就是我在贡布雷时某一个星期天早晨吃到过的"小玛德莱娜"的滋味（因为那天我在做弥撒前没有出门）。我到莱奥妮姨妈的房内

去请安，她把一块"小玛德莱娜"放到不知是茶叶泡的还是椴花泡的茶水中浸过之后送给我吃。见到那种点心，我还想不起这件往事，等我尝到味道，往事才浮上心头。也许因为那种点心我常在点心盘中见过，却并没有拿来尝尝，它们的形象早已与贡布雷的日日夜夜脱离，倒是与眼下的日子关系更密切；也许因为贡布雷的往事被抛却在记忆之外太久，已经陈迹依稀，影消形散。凡形状，一旦消退或者一旦黯然，便失去足以与意识会合的扩张能力，连扇贝形的小点心也不例外，虽然它的模样丰满肥腴、令人垂涎，虽然点心的四周还有那么规整、那么一丝不苟的褶皱。但是气味和滋味却会在形销之后长期存在，即使人亡物毁，久远的往事了无陈迹。唯独气味和滋味虽说更脆弱却更有生命力，虽说更虚幻却更经久不散、更忠贞不矢，它们仍然对依稀往事寄托着回忆、期待和希望，它们以几乎无从辨认的蛛丝马迹，坚强不屈地支撑起整座回忆的巨厦。

（节选自《追忆似水年华》）

咖啡学的一天

在希农对雅克·普伊赛的一次访谈

生平

雅克·普伊赛，1927年出生于普瓦捷。他不光是一名酿酒师，还是普瓦捷大学的一名理学博士（DSC）、都灵分析和研究实验室的荣誉主任。雅克·普伊赛是国家原产地名称研究所的元老之一，也是法国品味学院的创始人（1976年）。他启发了成千上万的儿童和成人来感受品尝咖啡，借助于一套评估方式的建立以及多感官机制和词汇教学的实施，给大众带来了简单而自然的品饮乐趣。

格洛丽亚·蒙特内格罗：

你已经处在葡萄栽培的顶峰了，那么你对这个在40年前就已经被人们关注的、可追溯的咖啡世界有什么看法呢？

雅克·普伊赛：

今天，我们开展了一场追寻咖啡的真实性的运动。因为咖啡承载着人和土地的印记，承载着在土地面前跪下的人的印记，所以消费者应该花时间去欣赏每一杯咖啡。长期以来，我们一直接收的、关于咖啡的唯一教学思维就是经济学家的思维。与其只有一个垄断咖啡的生产者，还不如拥有30个正宗的咖啡生产者，毕竟根据文化和起源，咖啡饮料可以有不同的烹煮方式。

咖啡的制备方法本身就是一种倾听咖啡豆的方式。咖啡豆的多个品种，是正宗咖啡的品味教育的基石。从前，法国人购买了生咖啡豆，然后在自己家里烘焙，这缩短了和咖啡原产地之间的距离，让烘焙过程变得生动。这是给陆续而来的品尝者们上的一课，就像是给每杯咖啡的故事写的序言一样。

格洛丽亚·蒙特内格罗：

如果让我们用三个词来概括你一生的激情的话，理所应当是：产地、葡萄酒和味道。能跟我们讲述一下这三个词是如何和你的思想联系起来的，又是如何在你自己的宇宙中成为一个整体，并且得到你全部热情的吗？

雅克·普伊赛：

领地是人类居住的一块土地，而产地则是人类精耕细作过的一块土地。命名能确定名酒的评级。咖啡和葡萄酒一样，和品种相比，其产地更重要。在品鉴一杯名酒时，既然我们梦想能通过闻一闻就定位出它的产地，那么对咖啡来说，亦是如此。我们不可能一直喝同一种葡萄酒，那为什么我们要一直喝同一种咖啡呢？我们应该去鼓励消费者们，教他们让不同咖啡的魔力重现，每天听不同的咖啡讲述一个新故事。

除了要感谢耕耘产区土地的人外，我们也必须为让农业获得新生而不断奋斗。如今，在我们这些所谓的现代公司里，依然存在一种实实在在的"失去感官"的现象。我们要吃饭，但我们并不会细细品尝食物。人们不知道怎么谈论自己的感官刺激，更别提还要去描述自己的内心感受了。美食家一定会关注侍酒师的培训；而侍酒师自己，也要丰富自己在咖啡的理论学习和实践两方面的知识。在水果和咖啡之间，在杯子和饮料之间，建立起对话，这就是一个服务员的使命。能陪伴着美食，进入人的口中，在口

中来来回回，消失又再次出现，这是一个多么美妙的旅程！

几年前，胶囊咖啡的出现，中止了人们对精品咖啡的青睐。因为胶囊咖啡让消费者们相信：我们可以委托工业，去为自己挑选出经过某种研磨方式、具有某种口味的咖啡。但胶囊咖啡的商业成功，只能说明其目标市场人群是咖啡因消费者，而不是真正的咖啡爱好者。

味蕾是一种能把品尝之物融合进时光里（包括已逝的时光）的感官，它可以让品尝之物在人的身体内部完成转化。这种感觉能让大脑对品尝之物产生反应：葡萄酒、咖啡、菜肴，都会在被转化为言语后回到人的意识里。在这个时候，我们能飞快地把这种感觉和图像记忆、声音、情感联系在一起。美食之所以能在2006年被联合国教科文组织宣布纳入"人类非物质文化遗产"，是因为只要人类依然愿意

品尝美食，它就能在人类毁灭（或改变）了的东西上浴火重生。这就是存在的艺术。

产地的界限由风来确定，而风则与地球的纬度相关。在希农，地面被河水冲刷得干干净净。但在黏土钙化的土地上种出的葡萄和冲积平原上种出的葡萄显然是不一样的。

格洛丽亚·蒙特内格罗：

你的演讲取得了农民们的一致同意。在耕耘土地时，也应该在土地和品味细则之间建立起密切的联系。你一直在发展以产地命名红酒的概念，但在对世界名品咖啡还不太熟悉的情况下，要怎么组织咖啡种植，以期未来某一天，咖啡也能有法定原产地命名的待遇呢？

雅克·普伊赛:

命名工作必须与在土地上工作的人一起完成。命名最初是为了秩序,因为与其说要满足咖啡越来越高的全球化需求,倒不如说是为了尊重那些照顾咖啡豆的人。要创建咖啡的一个命名方式,就必须时刻记住咖啡的理想产地的定义,因此命名方式并非只适用于单一的品种。对于葡萄酒来说,波尔多葡萄酒有三大葡萄品种,而勃艮第葡萄酒就只有一个葡萄品种,希农葡萄酒也是单一品种。

格洛丽亚·蒙特内格罗:

每个葡萄品种到底是怎么命名的呢?

雅克·普伊赛:

答案并不存在于葡萄自身,而是要依据培育葡萄的人的大脑和双手而定。比如都兰(一个区级名)就有卢瓦尔河、歇尔、安德尔、维埃纳山谷,每个产区的产品都是不同的。

在命名的概念中,生产者才是决策者。生产者选择了葡萄的品种,在合适的环境和土壤里种植葡萄,在合适的时候停止发酵,因此,生产者可以决定一个或多个产区命名。命名是由一位专业出身的经理主持,他能确保命名符合规格和卫生标准,并负责品尝成品来决定命名是否属实。

为了让我们能够有咖啡的法定原产地名称,首先,政府要愿意尊重咖啡种植。命名的概念会涉及领头的几大生产者组成的协会,双方应该达成共识,携手控制咖啡种植的质量,并向着给出官方标签的目标努力。此外,它还要经历一个命名研究所建立的阶段(有各种必要的科学技术准则来让以普通方式种出来的咖啡也能被评为名品咖啡)。正如法国在1934年为葡萄酒行业所做的一样,我们也必须为咖啡来一场辩论。辩论的结果就是INAO(国家原产地名称研究所)的成功创办,其模板同样适用于想要更进一步的咖啡世界。

红酒鉴赏家菲利普·凯罗尔

菲利普·凯罗尔，勃艮第酿酒师，年度葡萄酒奖的评委，他对从夜丘产区延伸到热夫雷·尚贝尔坦地区的名品葡萄酒非常熟悉。他在鉴赏葡萄酒时，认为产地的意义尤其重大。像发展一个新学科一样发展咖啡学的想法，以及在葡萄酒与咖啡之间寻找桥梁的想法深深吸引着他。于是他决定"把自己献给咖啡，就像之前把自己献给了酿酒学一样"。对他来说，所有环节都值得反思：器具、手势、咖啡的特点和评分的价值。基于质量测评的客观数据，他创造了特级葡萄酒、一级葡萄酒和名葡萄酒的概念。

我们收到秘鲁精品咖啡的邀请，作为精品名咖啡比赛的评委会成员，前往秘鲁的利马。我们从参赛的100个样本里挑选出了30个小样。菲利普在一品尝过后，突然停在了27号咖啡的面前，他对我说："我没有宗教信仰，从来没有！但这个咖啡让我有祈祷的冲动。"对于这种咖啡的品质，我们给了最高分，也就是金牌。获胜者叫米斯蒂。我们马上出发去参观米斯蒂所在的种植园。种植园在安第斯山脉的另一边，一边是壮丽的山地景观，另一边离亚马孙河很近，有一个绵延3000千米的、长着茂密的植物的宏伟"阳台"。米斯蒂种植园的所有者——唐·法比奥·阿帕萨为我们准备了一次难以忘怀的午餐。午餐地点在一个高15米的棚子里，就在海拔2000米的种植园的正中心，那里阳光灼热，非常美。坐在我旁边的人告诉我，当地人来到这里，就是为了让唐·法比奥·阿帕萨能为他们祈祷，因为这就是上帝的想法。菲利普在品尝时精准地抓住了这种咖啡的灵魂。

为了遗忘的记忆

马哈茂德·达尔维什

我想闻一下咖啡。就五分钟，我想休息五分钟，就为了喝杯咖啡。其他的我什么都不要，就想给自己煮一杯咖啡。这种痴迷会给我一个目标。面对这唯一的呼唤，我所有的感官都紧张起来。我只渴望一种东西：一杯咖啡。

对于像我这样的业余爱好者来说，咖啡就是开启白天的钥匙。

对于像我这样的咖啡鉴赏家来说，咖啡要自己烹煮，而不是去咖啡馆喝。因为别人给你呈上的咖啡表达的是他自己的意思，而每天早上的第一杯咖啡不需要别人的思想。咖啡代表着未经世事的、寡言少语的黎明。黎明，我的黎明呀！任何语言，哪怕只有一句"你好"，都会让她倍感陌生。只有在最安静的时刻，才能让咖啡散发出最优质的香气。

所以早上的咖啡，需要这种原始的、谨慎的、孤独的安静。你独自一人，有点慵懒，与世隔绝，在这种安静的环境里，用你选择的水烹煮咖啡，重新和外界的人和事达成和解。慢慢地，慢慢地，把水倒入小的

铜制容器中，会看到反射出的神秘的、深沉的金色或黄褐色。然后把容器放到温火上烹煮，要是能放到炭火上就更好了。

现在就不要再看那在火上烹煮的咖啡了。离开一会儿，去看看楼下正在苏醒的街道，看看楼下的人本能地去买面包（这是人类一直都保留的觅食本能）。一年四季，商贩们的手推车和推销自己商品的幼稚的宣传语，一直占满着街道。呼吸一下清晨的新鲜空气，然后再回到你的炉子边——唉，要是这是木炭火就好了。平静而温和地观察咖啡和水的转化游戏：火焰呈现出绿色和蓝色，水慢慢激起波纹，开始慢慢鼓出泡泡，然后转化成了闪亮的薄膜，慢慢地越变越厚，越变越大，最终迅速破裂，接着又是一次膨胀、破裂。这些泡泡渴望吞进两勺糖，她们在吸收糖的时候能发出一种谨慎的嘶嘶声。再过一会儿，嘶嘶声就变成了冒泡的咕噜声，迫不及待地等待着下一勺糖的到来，以激起新的一轮聒噪。这就像给咖啡的香气配上了一匹东方纯种的、极具雄

性气概的种马一样。

从火上取下咖啡壶，来开展手和壶之间的对话。这只手上还从未留下过任何烟草或墨水的痕迹。她的第一次创作，将会是她最好的一次创作，这一刻，将散发出你这一天的香气基调，定下你这一天的命运。她会告诉你，今天你到底是工作，还是与这个世界保持隔绝。而你这一天的色调，将全部取决于在煮咖啡时奏起的乐章里你的第一个手势，取决于还在沉睡但马上就要结束的昨天，取决于你要向全世界倾诉的故事，取决于你的内心所想。每天的第一杯咖啡，能够揭开深锁进这一天的秘密。

……

咖啡的香味能让人模模糊糊地回想起咖啡的原产地，回归本真。因为这种记忆能够让咖啡回到最初的地方，开始从未结束的千年流浪。咖啡就像是一剂良药，她用她特殊的香气让不会有关联的都产生关联，给远行的游子送去母亲般的关怀，伴随着诱人的咖啡伴侣装满整个世界。

咖啡和两次法国最佳手艺人奖得主

对盖·克伦萨尔的访谈

生平

盖·克伦萨尔是勒诺特工作室的创意总监，同时也是两次法国最佳手艺人奖（香肠、糕点类）的得主。作为手艺人大奖协会的会员，他有三大代表作：熟食、烹饪和糕点。2016年，他开始爱上咖啡，还以优异的成绩在巴黎咖啡学院毕业，获得了咖啡师、侍酒师和烘焙师学位。

格洛丽亚·蒙特内格罗：

盖·克伦萨尔，你是第一个有精品咖啡师和烘焙师学位证书的大厨。我很幸运，能向你传达我对咖啡学的热情。能跟我们说说，在这样的专业和个人生活背景下，你是怎么掌握这些新技能的吗？咖啡对你来说意味着什么呢？

盖·克伦萨尔：

我经常会有这样的感觉，在同事家美餐一顿后，我觉得这顿饭很完美，菜肴、餐桌礼仪、服务，甚至是大厨，一切都很完美，但只有咖啡还达不到同样的高度。我想试着做出改变。并不是每个人都能接触到美好的事物，当我们幸运地接触到优秀的产品时，就应该不断找寻，哪怕找到天涯海角，也要把它们找到。例如质量最好的、来自勃朗特的绿色开心果，欧洲DOP（原产地保护认证）品牌，或者是一个橘子、一个栗子、一杯源自科西嘉岛马赛尔·圣蒂尼的无花果酱、一种来自西西里岛的阿尔克天然的有机橄榄油，均是如此。

一些小作坊成就了糕点业和冰淇淋业，我想对咖啡做同样的事情。挑选一种精品咖啡，品尝背后的味道。起初，大家觉得我这样一个大厨要成为咖啡师听起来有些可笑，但今天，咖啡文化正在勒诺特工作室的厨房里取得突破，这种想法听起来就一点也不可笑了。烹饪过程需要严格把控，只要改变一个小小的成分，就会像打翻多米诺骨牌中的一块牌一样，破坏掉校准过的、含有数百个最终产品的生产链。一旦发生这种情况，我们就必须重新调整食谱，再次校对剂量。

格洛丽亚·蒙特内格罗：

对你来说，哪种精品咖啡吸引着你呢？

盖·克伦萨尔：

对我来说，最让我惊喜的是去除咖啡的苦涩。找回咖啡的甜蜜

改变了一切，我被各种咖啡之间不同的香气迷住了。对咖啡来说，品种一样，产地却不同，似乎是理所应当的，他们各自的香气被隐藏起来。我开始品尝我们所有的咖啡产品，并尝试重新做一遍。我的每次创作都会根据特点来选择名品咖啡：第一感受、甜度、口感、平衡和余味。我希望咖啡能够征服大家，希望它可以向我们讲述它的故事。

我们也和工作室的面包师一起，发明了牛奶咖啡羊角面包。我邀请了我的冰淇淋大师来审视他的咖啡冰淇淋。无论他在比例上做什么改变，这个冰淇淋仍然是一个牛奶咖啡冰淇淋，而一杯名品咖啡则会迅速对其进行改善。我们想要走得更远，甚至创造了名品咖啡雪糕。雪糕非常美味，造成了一定的轰动。

最近，我和一位日本朋友一起，去东京介绍了一个新的巧克力系列。以前，我们会谈论可可百分比，但由于和原产地脱离，可可没有身份。选择名品可可时，我们的

做法是不一样的。世界上极好的可可之一，是位于距离加拉加斯100千米的丛林里的Chuao可可。我们用最好的榛子、开心果和最好的咖啡装饰了巧克力。我们的新系列巧克力卖了两吨。

很快我们工作室的标志性歌剧蛋糕里也开始出现精品咖啡了：危地马拉科班出产的奇图尔·提洛尔（Chitul Tirol）咖啡，一种迷人的咖啡！我很喜欢它的圆润，它那兰花蜜糖和来自高维拉·帕兹的可可之间的平衡让我心驰神往。我确信，歌剧蛋糕——我们的创始人加斯顿·勒诺特的招牌糕点一定会大获成功。

格洛丽亚·蒙特内格罗：

特级咖啡制成的雪糕，重置的牛奶咖啡羊角面包，还有加入了咖啡之后变得更好的歌剧蛋糕。多么伟大的进步呀！我迫不及待地想要全都品尝一番了。

盖·克伦萨尔：

我现在正在写一本涵盖了勒诺特的所有食谱的书。书里专门为咖啡留了一个独立空间。

格洛丽亚·蒙特内格罗：

我以咖啡之名感谢你！

加斯顿·勒诺特的歌剧蛋糕

顺序: 1. 咖啡奶油霜; 2. 咖啡潘趣酒; 3. 杏仁饼干;
4. 歌剧院淋面; 5. 糖浆; 6. 咖啡镜面巧克力; 7. 装饰用黑巧克力

蛋糕模具: 长37厘米，宽27厘米，高2厘米
20人份

咖啡奶油霜

用料

300克牛奶

125克细砂糖

1个香草荚

250克蛋黄

70克咖啡豆

10克速溶咖啡

1千克黄油

250克意式烤蛋白

做法

把牛奶加热到50℃，加入一点糖和捏碎的
香草荚。

再加入事先烘焙过、压碎的咖啡豆和速溶
咖啡。

用保鲜膜封起来，让咖啡在牛奶里浸泡10
分钟。

将剩下的细砂糖放入蛋黄，用打蛋器进行
搅拌。然后倒入热牛奶。用打蛋器搅拌至
90℃，再小心地倒入搅拌器的搅拌桶里，
晾凉。

咖啡潘趣酒

用料

150克矿泉水

200克糖浆

15克咖啡萃取液

20克咖啡豆

5克速溶咖啡

做法

在糖浆中兑入矿泉水，加热。

再加入碾碎的咖啡豆和速溶咖啡，搅拌至溶解，放至完全冷却。

最后加入咖啡萃取液，冷藏。

杏仁饼干

用料

900克杏仁糖粉（糖和杏仁等量）

120克面粉

600克鸡蛋

90克黄油

400克蛋清

60克细砂糖

做法

将杏仁糖粉、糖霜、过筛的面粉和一半鸡蛋液混合，一起用二档搅拌，再慢慢加入剩下的鸡蛋液。

歌剧院淋面

用料

400克棕色冰淇淋

110克可可含量为70%的黑巧克力

90克玉米油

做法

把黑巧克力和冰淇淋融化，加入玉米油，混合。

小心地用保鲜膜封装好，放入冰箱冷藏。

使用时加热至36℃。

糖浆

用料

1升水

1.35千克细砂糖

做法

将细砂糖倒入水中，用打蛋器搅拌至溶解，再煮至沸腾。用保鲜膜封好，放入冰箱内冷藏，温度设为4℃。

咖啡镜面巧克力

用料

110克牛奶

80克可可含量为50%的镜面黑巧克力

80克可可含量为66%的黑巧克力

50克黄油

做法

加热牛奶，然后待温度回降至85℃。

把巧克力切碎，将黄油加热至融化。

把一半加热过的牛奶倒入切碎的巧克力里，让其融化几秒钟，再用搅拌器打发至乳液状，再倒入剩余的牛奶，再次搅拌。

将镜面巧克力的温度降至45℃，再加入加热过的黄油，避免起泡。

放入冰箱冷藏。

装饰用黑巧克力

用料

250克可可含量为70%的黑巧克力

250克可可脂

做法

分别加热巧克力和可可脂至40℃。在融化后进行混合。

放入恒温箱，温度设定在40℃。使用时再过滤一遍。

还可以加一些彩色的可可脂。

装模

用装饰用的黑巧克力喷出第一块杏仁饼干，将其与水分离。让其冷却、变硬，再把杏仁饼干翻转过来，放进模具中。往模具中倒入125克咖啡潘趣酒，涂抹上225克咖啡奶油霜；再放上第二块杏仁饼干，倒入125克咖啡潘趣酒，涂抹260克咖啡镜面巧克力；放上第三块杏仁饼干，然后倒入剩下的糖浆。涂抹剩下的咖啡奶油霜至与模具表面持平，再刮平（为收尾留50克奶油霜）。放入冰箱冷藏。

收尾和装饰

用剩下的咖啡奶油霜再一次把蛋糕的表面刮平，从模具里取出。浇上歌剧院淋面，迅速冷却。用一把加热过的刀，进行最后的整理。用裱花袋写上"OPERA"，再点缀上金箔片。

咖啡的品鉴

制作或是品尝咖啡都需要技能。不管您是咖啡师学徒还是咖啡爱好者，您都可以在这里发现如何烹煮和品尝您的咖啡。而最关键的就是把握好时间。要想好好品尝咖啡，就需要在烹煮和品尝过程中给予咖啡自我表达的时间。

浓缩咖啡

浓缩饮料取决于四个因素：研磨的细度、投粉量、咖啡师挤压的力度和机器的压力。

这四个因素能持续、定期地按照每秒1.5毫升的量萃取咖啡。一般来说，萃取一杯30~40毫升的浓缩咖啡需要22~26秒。浓缩咖啡机有一个复杂的系统。不管是单汽锅还是双汽锅，理想的水温都是92.5℃（或者在90℃~96℃）。机器有一个蒸汽喷嘴（为了做出泡沫牛奶），我们在过滤器支架上卡入一个或两个配有金属框的壶嘴，对应一杯或两杯的量。咖啡师就是要找到最好的设置：有些机器是自动的（例如，我们可以预先调整好萃取的时间），还有一些机器则需要咖啡师手动停止抽水。世界上出现的第一批咖啡机，挤压时要用一个杠杆系统手动操作；今天，一个电动泵可以带动

九个杆。研磨机是制作优质浓缩咖啡的关键。当我们制作名品咖啡时，每个人都有不同的习惯，这也是浓缩咖啡只能长期使用不同的咖啡混合物（原产地不同，烘焙方式也不同）进行烹煮的原因。精品咖啡对咖啡师来说更难以被驯服，有时还需要再加一点咖啡豆才能找到理想的平衡点，有时又必须减少一些咖啡豆才能避免苦涩。咖啡豆对温度、周围环境的湿度很敏感，因此有必要每次都调整一下研磨机。

大家普遍觉得，烘焙程度更高的咖啡豆更适合于浓缩咖啡，因为他们认为这样味道对比更加强烈，但这其实是错误的。烘焙程度是做一杯高品质的浓缩咖啡的一个重要参数，因为咖啡的所

什么是浓缩咖啡？

浓缩咖啡是一种表面覆盖着细密泡沫（被我们称为"克丽玛"）的浓缩饮料。将热水渗透进研磨好的细咖啡粉里，等到充分融合后将咖啡杯放在一个托盘上，就可以把浓缩咖啡端上来了。时间长了，水漫过的地方就会出现腐蚀，并会乳化咖啡粉表面的油脂。

以下是浓缩咖啡的几条参考标准

	数值
咖啡粉	每杯7~8.5克
萃取时的水温	90~92℃
入杯的浓缩咖啡的温度	80℃
水压	900±100千帕
渗透的时间	20~27秒（预融合2~4秒）
一个浓缩咖啡杯的容量	80毫升
一杯咖啡的量	30~40毫升

浓缩咖啡简史

"Espressamente fatto per lei"的意思是：专门为您烹煮出来的。也就是说，不像其他那些能提前煮出来的咖啡，这种浓缩咖啡只能现场即时萃取：用刚刚研磨出来的咖啡豆，就在客户面前进行烹煮。"浓缩咖啡"也意味着"表现"：给予咖啡表现自我的机会等。

有感官特征都是烘焙提供的。所以，如果烘焙得太生（不到3~4天），咖啡豆就没有时间脱气了，咖啡的味道也会受到影响。用太生的咖啡豆制作咖啡饮料，只能做出一杯非常糟糕的拿铁。如果咖啡豆烤过了，浓缩咖啡就会变得苦涩；如果烘焙得不够，那么，咖啡的酸度就会更加明显。

不是所有的咖啡师都会用同样的力度来制作咖啡。尽管我们每次都是把咖啡粉放到过滤器支架上，但是每次的烹煮方法都不尽相同。有一些专业人士尝试

加大挤压力度，结果发现水流更慢了，似乎研磨的咖啡粉不能太细；有人则认为咖啡粉不能过度挤压，这样才能保证"咖啡饼"中不会渗入太多的空气，因此这些人倾向于把咖啡粉磨得更细。

要想获得一杯完美的饮品，所有因素都很重要：根据咖啡粉的量和挤压的力度，来设置研磨量；机器的压力（理想情况下是900千帕）和良好的下压手势可以让融合更加迅速。做好每一步，才能获得一杯优质的浓缩咖啡。

机器需要定期维护：每次萃取后，都要用布清洁金属网，必须用水把喷嘴清洗干净。每次使用后，都要保证蒸汽喷嘴是干净的。没有人想要一杯有奶酪味的卡布奇诺，不是吗？

我们找遍了所有的咖啡馆，最终确定的机器是意大利产的。为了达到完美，还需要几个步骤，为此我们找到了它的发明者。1884年，突尼斯人安吉洛·摩尔隆多发明了一台蒸汽机来制作"快速咖啡"。这台机器在1900年的巴黎万国博览会上展出。它每小时能制作出

300杯浓缩咖啡，但结果不尽人意，咖啡依然是用100℃的开水萃取的。

1901年，米兰人路易吉·贝塞拉改进了这台机器的功能，还提交了专利申请，最后由帕沃尼公司创始人德西德里奥·帕沃尼买走。

1905年，德西德里奥·帕沃尼的工厂开始工业化生产咖啡机，保持每天一台的速度，这在当时还创下了纪录。随后，加奇亚工厂改进了生产方法，其他连锁店纷纷出现。在意大利，伴随着国家的城市化及其统一，浓缩咖啡机迅速"入侵"了酒吧和餐馆市场。和埃塞俄比亚一样，几年前，咖啡也迅速成为意大利的国家象征。咖啡馆也在农村地区成为大家进行社交的地方。咖啡的价格由当地政府控制，浓缩咖啡只能在柜台享用。随后，"去酒吧喝一杯浓缩咖啡吧"成为一种新的潮流。

　　"浓缩咖啡是咖啡的精华，它能轻抚我们的感官，刺激我们的心灵，激发我们的创造力。烹煮咖啡能让咖啡丰富的香气充分展现出来。能让人回忆往事、憧憬未来，有着天鹅绒般的质感，混合了艺术的、科学的奇迹的咖啡才是一杯完美的浓缩咖啡。"

——卢卡·莫奇，咖啡师

追寻一杯最理想的咖啡

一杯优质的饮品总是需要考虑容器的，正如威士忌有玻璃杯，香槟有香槟酒杯，茶有茶杯一样。因此，为咖啡找到理想的容器很重要。利摩日市政厅设立了一个国际设计竞赛，为浓缩咖啡设计了咖啡杯。

浓缩咖啡机带来的技术限制

杯子的高度不能超过6厘米（喷口和喷嘴与放杯子的托盘之间的距离约为7厘米）。

考虑喷嘴和双层过滤器支架之间的距离（4厘米），来设置两个匹配的杯子。

杯子的形状

杯子底部是凹进去的，让液体能紧贴着杯子的内壁，以便获得最佳crema（浓缩咖啡表面的那层油脂），优化拉花工作。

杯子可轻松地成对堆叠起来。

手柄符合人体美学。手柄的存在要求咖啡师在烹制咖啡时时刻保持卫生。

杯子的材质

因为每天都要使用，因此要选择坚固、防震、耐洗、耐磨损的材料。

瓷器要足够厚（3毫米以上），以保持饮料的温度。

注意：咖啡本身就是一种感官饮料。如果温度太高，细微的香味就会消散，这就是为什么精品咖啡机的使用温度最高是92℃。杯子要放在机器上进行预热，还要用热水冲一遍，以避免咖啡流动时引起的热冷冲击。因此，杯子的材料是能抵抗温度变化且保温的材料。

对于基于牛奶制作出的咖啡饮品，如卡布奇诺咖啡（1/3浓缩咖啡，1/3热牛奶，1/3牛奶泡沫，泡沫的厚度为10~20毫米）、拿铁咖啡（1/5浓缩咖啡，3/5热牛奶，1/5牛奶泡沫）来说，关键在于牛奶泡沫。咖啡师要用最理想的方式将牛奶泡沫与浓缩咖啡融合，并做出漂亮的拉花。

咖啡和牛奶的温度不一样（咖啡最高92℃，牛奶最高65℃）。

杯子保持热度很重要。

杯托

杯托和杯子必须配套，以便能顺利地把咖啡端到客人的桌子上。

杯子附近必须有足够的空间来放一把咖啡勺和必要的糖。

杯子不一定非要处在杯托的正中间。

不同咖啡所需杯子的规格

	浓缩咖啡	卡布奇诺	拿铁
容量（毫升）	65~90	180	220
高度（毫米）	<60	<60	<60
对角线（毫米）	40~50	60~80	80~100

论不紧不慢的艺术

    不管是在家里还是在工作时，我们都可以像一名咖啡师一样制作出一杯优质的咖啡。一个长宽为60厘米、高度到肘部的工作台面，再加上一个放置杯子的架子，就足够了。这些要求对所有人来说都极为简单！别忘了，要想喝一杯好咖啡，就必须花时间，并具备一个合适的空间。

居家制作咖啡

    制作一杯咖啡，水的质量和温度，萃取方法，咖啡粉的质地，搅拌的力度，都是需要掌握的内容。

内行的咖啡制作

    首先要有合适的设备，然后选择温和的萃取方法。选择三种不同的咖啡豆，以便能根据你的灵感来让你的咖啡多样起来，但也千万别将这几种咖啡豆混合，不然，它们就没有任何故事可讲了。

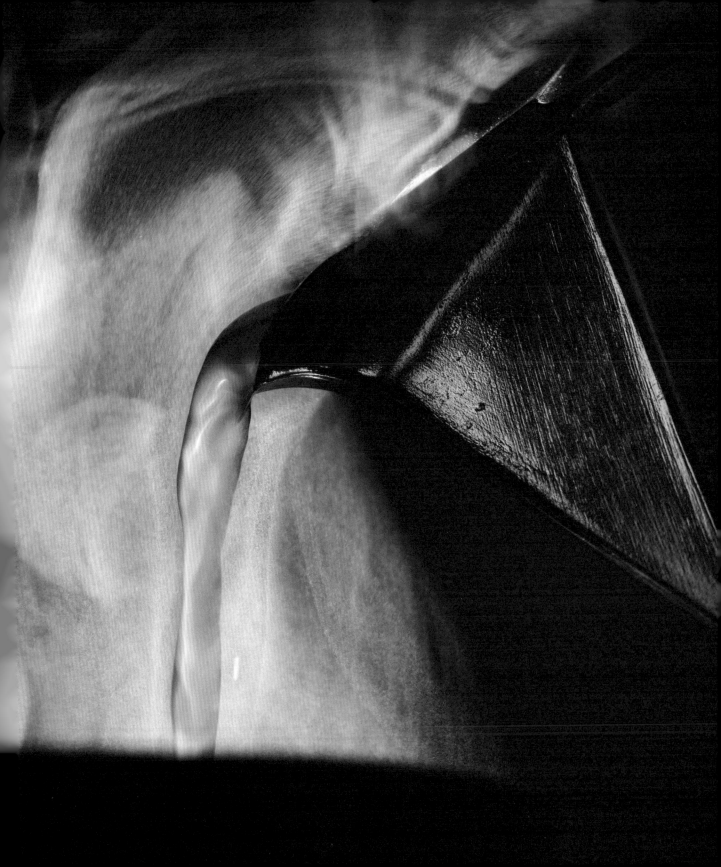

活塞式咖啡壶

　　活塞式咖啡壶也叫波顿壶、法压壶，这是每人每月平均能喝1千克咖啡（相当于每年要喝掉12棵咖啡树的收成）的斯堪的纳维亚人最喜欢的咖啡器具。我觉得它非常适合在餐馆里使用，因为它可以为每位客人提供不同的咖啡。

法压壶 ● 8人份

材料

- 法压壶
- 1台研磨机，电动、手动均可
- 1个电热水壶
- 1块秒表
- 1个液体温度计
- 1把勺子
- 1个鹅颈瓶沉淀器
- 几个预热过的杯子

咖啡和水

- 每升水配60克咖啡粉，也就是每人每杯大约8克咖啡粉。
- 根据咖啡的品种，可以适当增减咖啡粉。
- 一杯精品的咖啡香气浓烈，为了平衡可适当减少咖啡粉。
- 使用矿物含量低的水。

制作

1. 咖啡豆称重，然后研磨成中颗粒或大颗粒（咖啡豆如果磨得太细可能会堵塞漏勺，阻止柱塞下落）。
2. 将水加热至88℃~94℃（这也是要在水壶中放温度计的原因）。
3. 将水倒入沉淀器。
4. 通过倒入热水来加热法压壶，然后把水倒掉。
5. 将研磨好的咖啡粉放在玻璃杯底部。
6. 倒入所有的水，冲出一个旋涡。
7. 等待30~60秒，给预融合留一定时间。
8. 用勺子轻轻拨一下，把表面的泡沫打碎。
9. 盖上咖啡机的盖子，轻轻把过滤器往下按，使之处于液体表面下方5毫米处。
10. 根据自己需要的浓度，等待1~3分钟。
11. 往下压活塞。
12. 用预热过的杯子盛装，即可享用。

手冲滴滤咖啡壶

这种把咖啡放在漏斗里，用滤纸过滤咖啡的方法极为温和。这种方法多为日本人所采用。这种咖啡壶采用瓷器制成，可以使咖啡在客人眼前缓慢滴落。过滤纸阻挡了咖啡豆里的脂质，有益于肝脏。手冲滴滤咖啡壶有可冲一杯和可冲两杯两个版本可供选择。

手冲滴滤咖啡壶 🌢 2人份

材料

· V60两杯版手冲滴滤咖啡壶
· 1个秤
· 1台研磨机，电动、手动均可
· 1张过滤纸
· 1个电热水壶
· 1块秒表
· 1个液体温度计
· 1把勺子
· 1个鹅颈瓶沉淀器
· 1个凹进去的托盘
· 2个预热过的杯子

咖啡和水

· 12克咖啡粉和一瓶200毫升的矿物含量低的水。

制作

1. 咖啡豆称重，研磨成中等大小的颗粒。
2. 将过滤器置于咖啡壶中并用热水冲洗一遍，以去除残留的纸屑和味道；加热咖啡机，从而避免冷热冲击。
3. 将咖啡壶放在一个玻璃的或瓷制的杯子上，将水加热至88℃~92℃。
4. 将咖啡粉放在秤上称重。
5. 启动秒表，轻轻倒入水，没过研磨好的咖啡粉。
6. 停30秒，能让香气挥散，但要注意不要停太长时间。
7. 倒入剩下的水，用勺子从中心向四周画圆圈，不要碰到过滤器。
8. 每杯需要20秒，时间太短咖啡萃取不纯，太长则萃取过度。
9. 将咖啡倒入两个预热过的杯子里，即可享用。

在这里，我们根据融合的时间来确定放置咖啡粉的量。咖啡粉越精细，萃取时间越长；相反，咖啡粉越粗，萃取时间越短。顺便说一句，如果我们增加咖啡豆的量，就必须考虑调整研磨的颗粒的大小（颗粒应更大），以减少融合时间，咖啡磨得太碎，过滤器饱和也会更快。

意式咖啡壶

    意式咖啡壶（也称摩卡咖啡壶）是意大利的象征。阿方索·比乐蒂先生看到意大利人对浓缩咖啡的热情，就想为他们提供一个咖啡壶，让他们自己也可以制作浓缩咖啡。注意，使用这个咖啡壶的时候，一旦水淌出来，就必须立即关火，否则香气会很快散失。

意式咖啡壶 🌢 4人份

材料

· 四杯量的意式咖啡壶
· 一个电炉或煤气炉

咖啡和水

· 将28克研磨好的咖啡粉放入带蒸汽的排气阀下面的容器里，向其中注入水至指定的刻度。

制作

1. 拧下咖啡机，向咖啡机的下半部分注入开水，至指定的刻度；用咖啡粉将过滤器填满，用手指刮平表面。
2. 将过滤器放在咖啡机的下半部分里，拧紧咖啡机的上半部分，并将咖啡机放在热源上，保持中等温度，时不时地打开盖子进行观察。
3. 当第一滴咖啡喷出来时，把火力减半。
4. 在所有咖啡都融合好并喷出来后，立即将咖啡机从炉子上拿走。
5. 用预热过的浓缩咖啡杯盛放咖啡并享用。

土耳其咖啡壶

土耳其咖啡是一种口味独特的，在北非、近东、乌克兰和东南欧很受欢迎的饮料，也被称为"东方咖啡"。制作土耳其咖啡的方法，更接近于仪式而不是操作程序。

土耳其咖啡壶 ● 2人份

材料

- 土耳其咖啡壶
- 1台土耳其手动研磨机
- 1个水壶

咖啡和水

- 7克咖啡粉（越细越好），200毫升水。

制作

1. 咖啡豆称重，然后进行研磨，越细越好。

2. 把咖啡粉倒入土耳其咖啡壶里，并向其中倒入冷水，进行搅拌。

3. 将咖啡壶放在火上，用中火加热，并观察咖啡。

4. 当咖啡开始沸腾时，表面会不断冒出泡沫，在咖啡溢出之前，把咖啡壶从火上移走；等泡沫消失后将咖啡壶放回火上，直到再次冒出泡沫，再把咖啡壶从火上移走几秒钟；然后第三次，也是最后一次，把咖啡壶放回火上。

5. 将咖啡壶从火上移走，静置一分钟，然后倒入浓缩咖啡杯里，即可享用。

爱乐压咖啡壶

爱乐压咖啡壶是一款易操作的咖啡壶。这种咖啡壶凭借其活塞的功能，使煮出的咖啡拥有令人难以置信的多重芳香。对于只想喝一小杯咖啡的人来说，这是最好的选择。

爱乐压咖啡壶 ● 1人份

材料

- 爱乐压咖啡壶
- 1个秤
- 1块秒表
- 1个温度计
- 1个杯托
- 1个玻璃罐
- 1只240毫升容量的杯子

咖啡和水

- 18克中等颗粒的咖啡粉，240毫升水。

制作

1. 称出适量咖啡豆并将其放在一边。
2. 将水加热至88℃。
3. 将爱乐压咖啡壶的两个部件安装好，暂时不用插入过滤器支架。
4. 研磨咖啡，借助漏斗将咖啡粉倒入爱乐压咖啡壶中，以免撒到两边。
5. 取下过滤器支架，放入过滤纸，用漏斗倒入热水进行冲洗，以免烫伤自己。
6. 启动秒表，轻轻倒入240毫升水，静置大约30秒。
7. 搅拌10秒，然后盖上带滤嘴的盖子。
8. 将一个杯子倒置在爱乐压咖啡壶上，然后整个翻转过来。
9. 用力压，持续压45秒，就可以得到一杯香浓的咖啡了。

美式手冲滴滤壶

美式手冲滴滤壶的长颈瓶很容易让人联想到装葡萄酒的长颈瓶。美式手冲滴滤壶可以通过摇动向咖啡中混入空气，使人在品尝咖啡时有一种细腻感。

美式手冲滴滤壶 ● 8人份

材料

· 美式手冲滴滤壶

· 1个秤

· 1台研磨机，电动、手动均可

· 1张大小合适的过滤纸

· 1个电热水壶

· 1块秒表

· 1个液体温度计

· 1把勺子

· 几个预热过的杯子

咖啡和水

· 12克咖啡粉配200毫升水。

· 根据咖啡的品种，咖啡粉的量可以适当增减。

· 精品咖啡香气浓烈，所以要减少咖啡粉的量以获得平衡。

制作

1. 称适量的精品咖啡豆，将咖啡豆研磨成中等颗粒。

2. 将水加热至88℃~92℃；将过滤器放在咖啡壶上，用热水冲洗，去除纸屑和残留的味道。加热咖啡壶是为了避免冷热冲击。

3. 将研磨好的咖啡倒入过滤器，启动秒表，轻轻地把水倒入咖啡壶，直到水能没过咖啡粉，静置30秒左右。

4. 这就是预融合，这个过程能让香气散发出来，然而，还是要注意，这一步不能持续太久。

5. 倒入剩下的水，用一把勺子从中心向四周画圆圈，小心不要碰过滤器。

6. 比较合适的萃取时间为2分30秒至3分30秒。少于这个时间，咖啡萃取不充分；超出这个时间，就会过分萃取。

根据研磨出的咖啡粉的粗细，我们可以调节融合时间：咖啡粉越精细，萃取时间越长；咖啡粉越粗糙，萃取速度越快。

此外，若增加咖啡豆的量，就必须调整研磨的颗粒的大小（颗粒应更大），以减少融合时间。

就个人而言，我喜欢将美式手冲滴滤壶旋转几秒钟，这能让咖啡得到足够的空气（氧气）。

咖啡的直观肖像

在将精品咖啡所带的香气和葡萄酒、香水的香气进行比较前，我们意识到，对于某些相近的变种来说，类和子类之间没有太大差别。为了强调特色咖啡、葡萄酒和香水这三者之间的芳香对应关系，诞生了横向品尝学。这是对咖啡来说很重要的一种感官实践的方式。

我同探索过世界七大精品咖啡，并品尝过这七种咖啡的人交换过对这几种咖啡的直观感受。这七大精品咖啡的每一种都是经过品尝了的，被辅以嗅觉和味觉搭配的，它们都有一首专属于自己的诗。每种咖啡都有它对应的葡萄酒或香水。为向那些最好的葡萄园和伟大的香水公司致敬，这些咖啡将带你体验一场感官和情感组成的、非典型的创新之旅。

强烈

考达种植园，越南林东省

我杯子里装的是来自越南林东省的考达咖啡。这种咖啡生长在海拔1550米、占地3公顷的种植园里。这个品种属于摩卡咖啡的一种，是从埃塞俄比亚引进的。考达咖啡采用水洗加工法，手工挑选。这是越南的精品咖啡之一。

咖啡粉研磨、出现泡沫和融合时产生的气味，有蜜糖香、木香、腰果香和八角茴香；喝进嘴里，口感均衡、中性；用勺子喝一口，会感到酸度不足。作为浓缩咖啡，这种咖啡有着很强的芳香，可以短暂挥散出一点点酸味。

品尝建议：

我更喜欢用浓缩咖啡（26秒煮出40毫升）的方式进行烹煮。我品尝过用越南方式煮出来的咖啡，品尝时还会配一个扁平漏勺在杯子上，杯子的底部还饰有一丝甜炼乳，这让我想起了越南北部萨帕海边的高山。

其葡萄酒对应物：

一级夏布利（福寿姆酒庄）

其香水对应物：

通用香氛

魅力

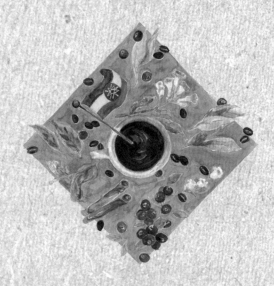

阿以纳日农场，哈拉尔地区，埃塞俄比亚

我杯子里的是来自埃塞俄比亚哈拉尔地区的阿以纳日咖啡，它不断给我启发。它的味道告诉我，它来自远方，这是一种非常典型的咖啡，我们不能混淆。遵守当地根深蒂固的传统的农民培养了它。这是一个"咖啡花园"。阿以纳日咖啡树生长在火山土壤里，周围有沉积岩，其中的石灰石使咖啡豆颜色变浅。这种精品咖啡对我来说，很能抓住我的心，也很狂野。喝第一口，能感觉到短暂的酸味，然后是蜂蜜的甜味，天鹅绒般的口感。余味时，阿以纳日咖啡为我们呈现了花的香味以及蓝莓、烟草和马皮革香味。在我的杯子里，有一匹飞奔的马，鬃毛迎风飘舞，而远方有一个花园。

品尝建议：

用爱乐压咖啡壶冲煮，能为阿以纳日咖啡锦上添花，就像是风赐予了它力量一样。

其葡萄酒对应物：

朗格多克红葡萄酒（红乐芙兰酒庄，2012年出产）。这种酒少有地带着蓝莓、灌木浆果（百里香、迷迭香）、皮革、松露和烟草（淡雪茄）的香气

马勒贝2012年出产的红酒。带有碘、盐以及皮革的香气。这是一种带有骑士般勇猛回忆的葡萄酒，可搭配新鲜的奶酪饮用

其香水对应物：

茉莉花和烟草香系列
解放橘郡（2006年出产）
兰蔻（1939—2007年典藏系列）

绝对

萨尔瓦多，韦韦特南戈，危地马拉

我杯子里的是来自危地马拉韦韦特南戈地区的萨尔瓦多咖啡，属于海拔1900米的波旁咖啡的一种。自1874年以来，这个种植园就被代代相传，每一代都在确保咖啡符合国际质量标准的同时，努力改进这个标准。萨尔瓦多咖啡承诺会承担起自己在社会和生态方面的责任。这种咖啡还在"卓越杯"比赛中获得过7枚金牌，这创造了纪录。

喝第一口，带有浓香味的热气和短暂的酸味唤醒了咖啡圆润细腻的口感，之后再品味，核心的香味就是甜的，带有果香的，混杂着蜂蜜、葡萄和桃子的香味。余味中带着嫩玉米的香味，愈久弥香，充盈着嘴巴。我在杯子里看到了塔胡穆尔科气势磅礴的火山。

品尝建议：

1升水对应60克咖啡粉，先静置30秒，再烹煮3分钟。倒出后先静置一会儿，然后再品尝。

其葡萄酒对应物：

卡曼·拉瑞蒂亚酒庄葡萄酒（2014年出产），可搭配质地柔软、口味温和的圣蜜腺奶酪饮用

其香水对应物：

维萨（罗拔贝格）

和谐

科帕艾文，维拉瑞卡，秘鲁

我的杯子里有来自秘鲁维拉瑞卡地区的科帕艾文精品咖啡。它是一种铁比卡咖啡，生长在海拔高度为1500~2000米的维拉瑞卡的圣马蒂亚斯自然保护区。这片土地的咖啡种植者是马琳和露西姐妹，她们俩每周都要坐12个小时的公共汽车穿梭在利马与科帕文之间。马琳在寻找最好的精品咖啡方面非常投入，她还成立了秘鲁精品咖啡协会。

我觉得这种咖啡很和谐。它具有圆润、完美的平衡感，以及黑莓的浆果香（慢慢消解为水煮梨的味道），口感丰满而持久。闭上眼睛，我看到了一片森林，里面有长着小黄花的灌木丛。

品尝建议：

用活塞式咖啡壶烹煮（58克咖啡粉对应850毫升水），水温为90℃，预泡1分钟后再浸泡4分钟。

其葡萄酒对应物：

克罗兹-埃米塔日红酒（达尔斯地区酒庄，2014年出产）

米舍拉·圣·杰恩酒庄带有紫罗兰和黑色莓果酱香气的西拉葡萄酒

其香水对应物：

爱马仕之光浓香水（2013年出产）

浓烈

尼玛加贝，吉孔戈罗，卢旺达

我的杯子里有一杯来自卢旺达吉孔戈罗地区的尼玛加贝咖啡。这是红波旁咖啡的一种，在海拔1935米、有阴凉的地方生长。这种咖啡由一群寡妇种植，每人只拥有300棵咖啡树（约1/4公顷）。这种咖啡是大自然真正力量的体现！2011年，它成为"卓越杯"的金牌得主，这对种植者们在直接贸易中出售自己的产品起了推动作用。这种精品咖啡，无论是在气味上还是在味道上，都有一种李子、黑醋栗、木薯、烟叶和麝香的混合香。对我而言，这种感受是密集而浓烈的。

品尝建议：

尼玛加贝咖啡能在嘴里"爆炸"，因此它适合采用浓缩咖啡的制作方法。我在杯子里看到了发生在塞纳河边的长凳上的一个吻。

其葡萄酒对应物：

安茹白葡萄酒（傅朗酒庄，2014年出产）。可搭配圣诞姜饼或者桃味冰淇淋饮用

其香水对应物：

法国情人（弗雷德里克·马尔，2007年出产）

稳定

波卡，安提瓜，危地马拉

我的杯子里有来自距危地马拉首都50千米的安提瓜地区的波卡咖啡。这是一种象豆咖啡，它生长在海拔高度为1900米的阿瓜火山山坡上，处在原始森林的中心。波卡的优势是稳定，它在1890年的世界博览会上获得了世界最佳咖啡大奖。一个多世纪以后，这款咖啡仍然是迷人的精品咖啡。第一口，就像一束花在嘴里的甜蜜暴击，随之而来的是蜂蜜的甜味、丝滑密实的质感，酸味逐渐褪去，留下的只有花香。在杯子里，我看到了一个年轻女子，有着碧绿的双眼，她和她的初恋手牵手，漫步在一个喷泉水轻轻流动着的花园里。

品尝建议：

波卡咖啡适合任何烹煮方式，但是也要注意，不能过量饮用，因为它的咖啡因含量很高。我在一家种植园里喝过它，当时是用一个有扁平过滤器的咖啡壶煮制的，煮完后倒入一个玻璃制成的长颈瓶里，可以喝一天。客人们也可以把咖啡倒进自己的杯子里，再加入90℃的水。

其葡萄酒对应物：

普罗旺斯出产的黑皮诺（瓦莫泽产区的路易·拉图尔酒庄，2014年出产）。这种红酒有淡淡的花香和果香，可搭配无花果和奶制甜品饮用

其香水对应物：

香奈儿5号

高贵

唐·希门尼斯，杜阿尔特峰，多米尼加共和国

我的面前有一杯来自多米尼加共和国杜阿尔特峰地区的唐·希门尼斯咖啡。它生长在海拔3175米的杜阿尔特峰（安第斯山脉最高峰）的山坡上。10℃~25℃的温差变化，赋予唐·希门尼斯咖啡令人印象深刻的特点。富含铁元素的土壤和周围物种丰富的环境赋予这款咖啡独特的味道。咖啡豆要经过32~36小时的干发酵（半水洗法）。咖啡粒有着令人惊讶的、强烈的绿茶和新鲜茉莉花的香味。这款精品咖啡以其果香、圆润的口感和微辣的刺激感而闻名。对我来说，唐·希门尼斯咖啡是高贵的。

品尝建议：

唐·希门尼斯咖啡最好使用冷萃法。这种方法可以让它的柠檬香调脱颖而出，能让人感受到糖浆留在嘴中的感觉。喝着这杯咖啡，透过窗户，我仿佛看到一场热带雨的降临。

其葡萄酒对应物：

巴萨克酒庄（纪龙德省），这是一款醇厚的白葡萄酒，混合了三种葡萄（密斯卡岱、长相思和赛美蓉），伴有柑橘香和蜜香，质地丰满，口感佳，可搭配澳洲坚果饮用

其香水对应物：

绿色橘子（米勒·哈瑞斯，2003年出产）。混合了西西里岛柑橘和橙花的香气以及摩洛哥雪松香

Connaissance
CUBA
La Havane
RTINIQU
Fort-de-France
Connaissa

GUINÉE

NIGERIA

OUPE

CAP-VERT

HAÏTI

GHANA

ETHIOPIE

HONDURAS

MA

COLOMBI

CAMEROU

2050年：第五代咖啡

到2050年，世界人口大约能达到100亿。到那个时候，我们每天喝的30亿杯咖啡中将会有1/3属于精品咖啡。

第三个千年的咖啡史已经迈错了步子。因为就最近的几年看来，世界正在目睹一场来自"咖啡共和国"的种植园主、修剪工、收获季节工甚至是咖啡批发商的逃离。

橡胶行业抓住机遇，试图说服咖啡生产者种植橡胶。不过，对于那些已经习惯于让果树、鲜花或香料植物和咖啡树共存的咖啡种植者来说，这真的是一个艰难的选择，因为橡胶无法和咖啡树共生。2015年，咖啡树锈病使得咖啡大幅减产。

2017年，许多气候变暖方面的专家在各大咖啡生产国的大学里演讲时说，到2020年，阿拉比卡咖啡有可能会消失。对此发出警示的巴黎协议由于太受国家政策限制，而难以实施。然而从2020年开始，趋势将逐渐发生逆转，一系列的自然灾害让全球人民开始有新的意识。联合国重新在政府间为解决生态问题发挥着作用。从此，由普选产生的秘书长要和不管是市级还是地区级的选民们精诚合作，国际舆论开始为世界的重新造林计划而奋斗。山区咖啡的农林业，一度被认为对保护热带生物多样性至关重要，如今也开始受到国际组织的保护。粮农组织成功说服其成员国为咖啡种植进行投资，使其他果树和药用植物的种植形成一个永续种植的模式。蜜蜂大范围消失的问题，促使我们意识到再造林、反对化学农药的必要性。全球变暖使得我们不得不把种植园迁移到更高（海拔1800~2200米）的地方，这肯定会使产量降低，但同时也将提高咖啡的质量。2022年，多种生物的避难所——咖啡林将被联合国教科文组织列入《世界遗产名录》。咖啡林开始变得触不可及，它们由一群森林警卫保护着，由生物学家团队研究着，时不时还有鸟类学家的来访——有很多鸟儿会迁徙到这里聚居。此外，还有多种曾经濒临灭绝的物种（比如中美洲的长尾鸟）也在这里生存。

咖啡在2024年巴黎奥运会中将起到重要的作用。电动汽车不再需要司机，却能一直行驶下去，因此法国首都几条中心环线的地方不再被停车位占领。这些停车场会变成咖啡馆的露台甚至是咖啡商店。每个运动员都想拥有专属于自己的咖啡师，就像自己的教练一样。巴黎已成为咖啡学的首府。在餐馆、小酒馆里，咖啡的地位终于超过葡萄酒，全法国的人都在惊呼："我们可以每天喝一种不同的咖啡！"我们不再只满足于餐桌上的一杯咖啡饮品，我们还要品尝它，谈论它。拥有一个咖啡总管和自己的咖啡产地地图成为开一家星级餐馆的前提条件。

亚洲人已完全接受了咖啡，而且其不断增长的高端消费也开始追溯咖啡的原产地。这个曾经的传统茶大洲（已经认可的、可追溯到茶树的茶品种有10000多种），正在为那些独特的、差异化的、美味的咖啡打开大门。仅用了3年时间，日本就成了精品咖啡的第一大国。韩国和中国也对多元的咖啡倾注了热情，但很快又被越南赶上了。越南一直在培训咖啡师、质量定级员和烘焙师。他们还用精致的小容器装上顶级精品咖啡，并采用了奢华的命名方式。在亚洲，一杯独一无二的咖啡，抵得上一杯最好的干邑的价格。

在美国，一些为精品咖啡市场的发展付出巨大努力的组织仍旧存在，他们会组织一些巡回沙龙、种植园比赛、标准化的尝试以及一些与咖啡种植者联系越来越紧密的培训计划。

因此，借助这些活动，我们甚至可以从旧金山出发，去布隆迪"参观"一家咖啡种植园。这让烘焙师和咖啡种植者之间的关系更加紧密，也能让咖啡店的常客更好地理解种植园的情况。也多亏了一些网络应用程序，生产者和消费者之间建立起了实实在在的互动，生产者也能从消费者那里接收到更直接的体验反馈，并能更好地了解消费者的口味。此外，生产者还能直接与进口商对

话，这两个世界终于连接起来了。

社交网络的普及，使一些农工和港口工人群体也聚集起来。2025年，国际咖啡风险组织将开始关注这些每天扛60千克咖啡豆的人群所面临的健康风险。这种方式终将会被禁止，取而代之的是每天最多只能扛23千克的新规定。

2027年，不少咖啡生产国将会联合起来，把起源于咖啡种植业的给咖啡命名的概念介绍给全世界。这个命名概念最终会演变成全国性的法定产区命名系统，同时还会整合其他行业的标签（如有机农业和对等贸易）。

这个咖啡的法定产区命名的清单，均可以被所有购买者找到。

2029年，精品咖啡将正式退出商品市场。精品咖啡的价格将直接由生产者和购买者商议而定。

质量标准和新的、清晰的规则都会得以确立，生产国开始消费自己出产的咖啡，咖啡豆出口量将会减少。

如果说，在以前，出口的商品的质量是最好的，那么，在2040年，将会有一个"大型国家储备"市场。面向国内市场的咖啡可以现场烘焙，由专业的咖啡师进行烹煮，咖啡种植地能闻到烘焙咖啡的香味，咖啡生产者自己也会成为咖啡品鉴师。

真正的咖啡业余爱好者和行家们将有机会出现在这里，甚至就坐在咖啡树底下，品尝一杯精品咖啡。

社交网络会宣传世界上最好的咖啡、最好的咖啡师、最出色的烘焙师和精品咖啡潮流。精品咖啡猎人这个职业也将会不断扩充，一个甜点大师，或者一个想拥有一个独一无二的咖啡酒窖的厨师都可以成为猎人。

2050年某一个秋天的黎明时分，一艘靠太阳能提供动力的驳船装载着保温箱停在了塞纳河畔。每个保温箱里都满装着一吨精品咖啡，这些都是运给在法国的烘焙师们的。这艘驳船和停靠在勒阿弗尔港的大货船接力，它的最终目的地是兵工厂港口。到2050年，世界人口将达到100亿，每天，我们会喝掉30亿杯咖啡，而其中1/3是精品咖啡。

这将是一个多么奇异的乌托邦呀！

格洛丽亚·蒙特内格罗